逆风的方向，更适合飞翔

童 路 ◎ 著

北京工艺美术出版社

图书在版编目（CIP）数据

逆风的方向，更适合飞翔/童路著. — 北京：北京工艺美术出版社，2017.8

（励志·坊）

ISBN 978-7-5140-1203-3

Ⅰ.①逆… Ⅱ.①童… Ⅲ.①成功心理－通俗读物 Ⅳ.①B848.4-49

中国版本图书馆CIP数据核字（2017）第030004号

出 版 人：陈高潮
责任编辑：赵震环
封面设计：天下装帧设计
责任印制：宋朝晖

逆风的方向，更适合飞翔
童　路　著

出　　版	北京工艺美术出版社
发　　行	北京美联京工图书有限公司
地　　址	北京市朝阳区化工路甲18号 中国北京出版创意产业基地先导区
邮　　编	100124
电　　话	（010）84255105（总编室） （010）64283630（编辑室） （010）64280045（发　行）
传　　真	（010）64280045/84255105
网　　址	www.gmcbs.cn
经　　销	全国新华书店
印　　刷	三河市天润建兴印务有限公司
开　　本	710毫米×1000毫米　1/16
印　　张	18
版　　次	2017年8月第1版
印　　次	2017年8月第1次印刷
印　　数	1~6000
书　　号	ISBN 978-7-5140-1203-3
定　　价	39.80元

目录
CONTENTS

善于抓住机遇，笑对人生坎坷路

- 003 你的消极让机遇很难靠近
- 007 不是每个故事都以喜剧收场
- 011 因为曾迷失过，所以现在才更强大
- 014 允许成功转个弯才到
- 016 别抱怨失败，想想自己哪里做得不对
- 019 让烦恼停下，让幸福蔓延
- 022 穷不可怕，可怕的是你一直让自己很穷
- 030 不去想着痛苦，痛苦自然就会消失
- 034 眼界放长远一些，幸福才能更多一些
- 038 别担心，幸福会在下一站等你
- 042 感谢疼痛，让你保持大步向前的清醒
- 044 与其抱怨不公平，不如自己努力达到公平
- 048 让阳光洒满自己的人生
- 050 人生已经很艰难，有些事情何必当面拆穿

人生的挫折不是我们的仇敌

055　　收起你给别人看的伤口，能治愈你的只有你自己

060　　淡看人生得失

063　　这个世界上最难以战胜的敌人是自己

065　　不要让你的青春白来一场

067　　受伤了就自己努力让伤口慢慢变好

070　　人生随时都有重新开始的可能

074　　你的每一个经历都是人生的重要篇章

077　　面对挫折，你不用那么深仇大恨

080　　学会珍惜，方能幸福

082　　你不能贪心得什么都想要

085　　允许你的人生存在一些遗憾

088　　每个人都是独一无二的个体

093　　生活一定会因为你的坚持而变得美好一点

097　　无论遇到什么事都不要把心给摔碎

100　　道路曲折，但终会到达

104　　我们每个人都有找不着路的时候

107　　每个人的生活都是未知的，可都是值得期待的

110　　原谅别人其实也就是原谅了自己

目录 CONTENTS

如果努力，在哪儿都有好事发生

- 115　只要努力，处处都会有惊喜
- 120　坚守梦想，不负青春
- 124　让信念支撑你到底
- 127　不执着于哀伤，坏时光也没那么痛彻心扉
- 130　你的勇敢尝试能为你带来人生的诸多可能
- 135　把生活过成什么样，完全取决于你
- 138　己所不欲，勿施于人
- 142　运气向来只会照顾有潜力会努力的人
- 146　你看似容易，不过是有人在替你承担
- 151　你需要卸重而行
- 154　你要足够努力，才能抵抗命运的再次挑战
- 158　你需要的不是担心而是努力
- 162　幸福不是得到得多，而是计较得少
- 165　所有的相遇和离别，不过是瞬间的波涛
- 168　当你足够努力，自有人来帮你

在生活的缝隙里修剪自我

173 爱自己，你会更快乐

180 怀揣梦想，别对现实妥协

183 努力到让自己不被更强大的人怜悯

187 穷时是人生最宝贵的升值时机

192 你只看到光鲜的表面，却没看到背后的伤口

197 绝交要趁早，真情等不及

202 所有的痛苦都是你宝贵的财富

206 我们都不需要向这个世界去证明任何事情

211 没必要和自己过不去

214 感谢那个逼你进步的人

218 谁的人生不曾受伤

222 贫穷不是所有不作为的借口

目录 CONTENTS

parts 05

你的人生不是只有一个支点

- 227 电影终有落幕，我们需且行且珍惜
- 233 当下所有一切都是弥足珍贵的
- 237 拐弯遇见幸福
- 239 无愧于花开花谢的过程
- 243 把生活活成多项选择
- 247 不要那么早就对生活失望
- 251 别把当前的失败归咎于曾经的不努力
- 254 状态不对，不如停一停
- 259 别在不安时做选择
- 264 放心，下一个路口就会看到精彩
- 268 让每个今天成为最好的昨天
- 272 跟别人不一样也不妨碍你的寻找
- 276 有为梦想的拼搏，也有欣赏美的闲情

善于抓住机遇，笑对人生坎坷路

你有耐性吗？

你有坚忍力吗？

你能在失败之后，仍然坚持吗？

你能不管任何阻碍，仍然前进吗？

你的消极让机遇很难靠近

人们总是认为机会对每个人都是平等的，但事实上并没有绝对平等的机会。如果只是消极地等着机遇再次光临，相信总会有机遇降福于你，而不去主动出击，通过自己的努力创造机会，那么，等来的只有失败的痛苦和教训。

另外，有些时候，你也许很努力地去寻找创造机遇，也有类似机遇的"机遇"垂青于你，但却陷入了机会女神的陷阱，碰得头破血流，无法自拔。

所以，对于机遇，你一定要抱有正确的态度，要以清醒的眼光、敏锐的洞察力去审视周围，是机遇千万别放过，是陷阱就要退避三舍。为了做到这一点，你应该从以下几个方面来努力：

[学会英明决断的做事风格]

世间最可怜的，是那些做事举棋不定、犹豫不决、不知所措的人。这种主意不定、意志不坚的人，难于得到别人的信任，也就无法使自己的事业获得成功。

优柔寡断的人，不敢决定每件事，他们拿不准决定的结果是好还是坏，是凶还是吉。有些人的本领不差，人格也好，但就是因为犹豫，往往错过了许多好机会，一生也未能成功。而决断的人，即使会犯些小错误，也不会给自己的事业带来致命的打击，因为他们对事业的推动，总比那些胆小狐疑的人敏捷得多。站在河边呆立不动的人，永远也不可能渡过河去。

如果你有犹豫的倾向或习惯，你应该立刻下决心改正它，因为它足以破坏你各种进取的机会。在你决定某件事以前，你应该对这件事有个全面的了解。你应该运用全部的常识和理智，郑重考虑，但一经决定以后，就不要轻易反悔。

在做重大决定时摇摆不定、不知所措是一个人品格的致命缺点。具有这种弱点的人，从来不会是有毅力的人。这种缺点，可以破坏一个人对于自己的信赖，可以破坏他的判断力，更会有害于他的事业。

要成就事业，必须学会胸有成竹，使你的正确决断稳固得像山岳一样，不为情感意气所动，也不为反对意见所阻。

决断、坚毅是一切力量中的力量。假如你想做一名生活中的成功者，成就一番事业，你必须要有坚毅与决断的能力；否则你的一生都将漂泊不定，事业也将无所成。

[要有坚忍不拔的毅力]

坚忍，是克服一切困难的保障，它可以帮助人们成就一切事情，达到理想。

有了坚忍，人们在遇到大灾祸、大困苦的时候，就不会无所适从；在各种困难和打击面前，就仍能顽强地生活下去。世界上没有其他东西可以代替坚忍。它是唯一的，不可缺少的。

坚忍，是所有成就大事业的人的共同特征。他们中有的人或许没有受过高等教育，或许有其他弱点和缺陷，但他们一定都是坚忍不拔的人。劳苦不足以让他们灰心，困难不能让他们丧志。不管遇到什么曲折，他们都会坚持、忍耐着。

以坚忍为资本去从事事业的人，他们所取得的成功，比以金钱为资本的人更大。许多人做事有始无终，就因为他们没有充分的坚忍力，使他们无法达到最终的目的。然而，一个伟大的人，一个有坚忍力的人却绝非这样。他不管情形如何，总是不肯放弃，不肯停止，而在再次失败之后，会含笑而起，以更大的决心和勇气继续前进。他不知失败为何物。

做任何事，是否不达目的不罢休，这是测验一个人品格的一种标准。坚忍是一种极为可贵的德行。许多人在情形顺利时肯随大众向前，也肯努力奋斗。但当大家都退出，都已后退时，还能够独自一人孤军奋战的人，才是难能可贵的。这需要很强的坚忍力。

一个希望获得成功的人，要始终不停地问自己"你有耐性吗？你有坚忍力吗？你能在失败之后，仍然坚持吗？你能不管任何阻碍，仍然前进吗？"

[保持乐观向上的心态]

一个能够在一切事情不顺利时含着笑的人，比一个遇到艰难就垂头丧气的人，更具有胜利的条件。

不管是否顺利，有些人总爱以颓丧的心情，忧郁的情绪，来破坏、阻碍他们生命的历程。其实一切事情，全靠我们的勇气和信心、我们乐观的生活态度。如果一遇到不顺利的事情，就放任颓丧、怀疑、恐惧、失望等情绪控制自己，我们经营多年的事业就会受到破坏。

学会肃清自己心中的悲观心理是一门很重要的学问。我们应学会时时把自己的注意力放在美好的事情上而非丑陋的事情上，放在真实的事物上而非虚伪的事物上，这样我们在困境中也能看到生活中的美、生活中的好，我们也就因此而乐观起来。

对一个精神良好的人来说把心中的忧郁在几分钟内驱出心境，是完全可能的。但我们中的许多人在忧伤时却往往不肯开放心门，让愉快、乐观的阳光射进来，而妄图紧闭心扉靠自己内在的力量驱逐黑暗。其实只要一些乐观，我们心中的忧郁就会减轻很多。

当你感到忧郁、失望时，你应该试着改变这种状况。无论遭遇怎样，不要反复想你的不幸和目前使你痛苦的事情。想想那些愉快的事，有趣的话，以最大的努力去放射快乐，让自己乐观起来。

不是每个故事都以喜剧收场

对于命运的理解，我以前觉得人是可以抵抗命运的，最近我开始怀疑这种信念了。我发现当一个人唯一的对手是命运的时候，他几乎是束手无策的。但这种质疑给我带来的不是消极的情绪，我反而因此更加小心地看待宿命，并且对于一切事情都不再强求了，这种结论基本上跟我认为的"诸事依靠天赋而非努力"在逻辑上是一致的。

当我们开始有勇气承认自己对命运是束手无策的时候，生命反倒会因此变得轻松，而这也反倒离你期待的生活不远了。

当然，我如果可以选择，我想每个人都会希望自己是一个乐观的人。因为乐观不仅会让自己感受到生活中的美好，也能让身边的人透过我们看到阳光，于人于己，这似乎都是一件好事情。

但是，我们真的都能成为乐观的人吗？我想答案是否定的。毕竟我们每个人的成长环境、家庭背景、从事的行业都不一样，每个人面临的人生苦难以及我们对这些苦难的承受能力也千差万别。同样是出车祸，有的人感觉到劫后余生，有的人却只能看到被撞了一个大坑的爱车，所以想让所有人都成为一个完完全全的乐观主义者，这根本就是天方夜谭。

既然是这样，那做一个什么样的人会比较好呢？我觉得成为一个悲观的乐观主义者是最佳选择。

[我不是不想要 100 分，只是 60 分的时候我也能接受]

电影《白日焰火》让我印象最深刻的两句台词，恰巧就反映了做悲观的乐观主义者的精髓。

"你还想赢得人生啊？"

"不，我只想输得慢一点。"

是的，从一开始我就没有想过要赢得人生，只要没有在一开始的时候输掉就好。无疑，这种想法的基调是悲观的，但却不是糟糕的。相比较于心灵鸡汤里提倡的不励志上进就"狗带"的人生态度，我还是觉得这样的想法会让我们的人生更容易感受到幸福。

我记得小时候，每次考试，我妈妈都会说，考多少分无所谓，只要你觉得对得起自己的努力就好。所以，和那些天天追求考试100分的孩子相比，我的童年是幸福的。因为我知道我不用把所有的时间都消耗在学习上，而他们这么做的目的，大部分是为了完成某个人的面子工程，也许是父母，也许是自己。

可是，这却并不代表我会成为一个草包。我用了很多时间去观察蚂蚁搬家，我也知道了蜗牛爬行的速度竟然真是慢到了不可思议，这让我在长大了以后成了别人眼中"博学"的人。

而为了有时间可以做更多的事情，我必须要提高学习效率，让自己在学习的时候更加专注，所以我并不是不学习，只不过是因为没有那么大的压力，我主动减少了重复劳动的时间。看吧，我在小时候就知道要给自己"减负"了。

所以，我从来没想过要得一百分，但是我却没有因此过上零分的生活，反倒是成就了八十分的人生，所以我也并没有输，而这其中的秘诀无非就是六十分的生活我也并没有抗拒。

[我选择悲观看世界，但是却也不妨碍我乐观地去生活]

导演张元曾经说过："在生命的本质上我是个彻底的悲观主义者，但在生活中，我努力做个积极的乐观主义者"。

心理学上有一个概念，叫作成就动机，是指人们在完成任务的过程中力求获得成功的内部动因，亦即个体对自己认为重要的、有价值的事情乐意去做，努力达到完美的一种内部推动力量。当我们的成就动机维持在一定水平的时候，它有助于我们实现梦想，但是一旦成就动机的水平过高，它就会出现反作用，不仅不会有助于我们成功，反倒会让我们紧张压抑从而影响原有水平的发挥。

所以，我们可以对世界抱有悲观的想法，并不妨碍我们积极地生活。悲观和乐观一定是彼此独立的两种选择，而态度和行为其实也未必就要彼此纠缠。而一些悲观的想法不仅不会拖我们后腿，反而可以让我们轻装前进。

刘若英《我敢在你怀里孤独》也提到，她也是一个悲观的乐观主义者。而这种悲观并不是表现在她消极地对待人生，只是在对待生活中发生的事情没有那么高的期待。

她在书中提到，面对很多事情，她会先去想最糟糕的结果，如果真的发生了，那也没关系，因为这本来就在她的预期之内。而如果最糟糕的结果并没有发生，哪怕只比她预想的好一分，那么就是赚了。

最坏的结果都可以接受，还怕努力去让结果变得好一些吗？当你将自己放在人生低谷的时候，走的每一步其实都是向上，但是因为没有过高的期待，我们又不必每一步都走得那么用力，慢慢地走，只会让我们更从容地对待周遭发生的一切。更何况，也许只需要稍稍努力一分，你就会看到希望。这就好比在越是黑暗的地方，才是我们发现光亮的最佳场地。

人有的时候要学会示弱，不是向别人，而是向自己。放自己一马，这样你就会发现其实也根本没有人可以逼着你去生活，而在没有压力的环境中，你的结局也未必就那么糟糕。大多数时候，我们逼着自己得第一，不过是在心理上进行自我安慰罢了，你只是让自己以为自己一直在努力，然而并没有什么用。

不是每个故事都以喜剧收场，早早设想了不那么完美的结局，但是每往前走一步，就多看了一些风景，多体会了一些人生，最终以你自己的方式走向结局，这样不好吗？

因为曾迷失过，所以现在才更强大

一个人太过于自卑，就无法塑造一个强大的自己；一个人如果总是拿人之长比己之短，就会对自己失去信心。每个人都是独一无二的，而一个觉醒的人总会在不断反思中超越自己。我们最难超越的不是他人，而是自己，因为我们无法成为他人，只能成为自己。很长一段时间，我们都将自己迷失在羡慕、模仿他人中，然而也正是这些迷失才使我们重新塑造了一个更强大的自己。

相信很多人都看过一部很火的电视剧《丑女无敌》，剧中女主角林无敌没有美丽的容颜，取而代之的是钢丝头、大龅牙、铁牙套、臃肿的身材、邋遢的穿着，这不仅有点影响公司形象，似乎还有点"影响市容"。

当然，她并没有丑到惨不忍睹的地步，而在我们身边，像她这样的人恐怕并不少。所不同的是，她没有因自己的短处而自卑，更没有自暴自弃。如果她稍微动些和其他女士比美的念头，相信一定会败得惨不忍睹。

我们很想知道，她是如何从一个小小职员，坐到一个令身边人都不敢相信的位置上的？这无疑吸引了很多职场打拼一族的眼球，而且还可能引发一场关于"职场丑女，缘何能无敌？"的话题大讨论。

出人意料的结果尽管让很多人大跌眼镜，但一切似乎顺理成章、水到渠成，似乎不坐到那个位置就不合情合理，不近人情。尽管快速提拔也让她感到压力，但我们并不觉得她被工作压得头昏眼花，喘不过气来。

此时，我们的第一感觉一定是既好奇，又疑惑，甚至还会不停问自己，她到底走了什么捷径，用了什么绝招。下面我们不妨对其进行一个全面剖析，看看到底其中有什么不为人知的看家本领。

她毕业于某重点大学金融专业，尽管谙熟金融与企业管理，但却因外形不堪，打扮老土，在职场中屡屡碰壁。与其他人不同的是，她是越挫越勇，在被用人单位拒绝了17次后，最终获得了工作机会。

身处美女如云的广告公司，她的生存之道就是扬长避短，以智慧与忠诚赢得老总信任。在公司出现危情时，她总是挺身而出，解决了一个又一个麻烦。后来，终于在竞争激烈的职场中完成了从"丑小鸭"到"白天鹅"的完美蜕变。

看完这个故事，再想想现实中的我们又是如何做的呢？我们是否会因技不如人而感到自惭形秽，会因没有良好的家庭背景而抱怨父母？我们总是不经意间将自己放在了一个矮人一头的位置上，然后独自黯然神伤。

与人攀比是人之本性，我们也无法将其从内心完全清除，只是在与人攀比时不能一味否定自己，将自己比得一无是处。而且一旦过分自卑，我们就很容易忽略自己所具有的巨大潜能。我们自认为处处不如人，其实一旦我们真正觉醒，就会发现其实一切并不是自己想象的那样。

也许我们并不缺乏上进心，也不会虚度光阴、不学无术，只是缺乏自我觉醒。在我们追求梦想的途中，障碍不断，面对挫折也是常有的事儿，此时我们的态度将决定自己会以一种什么样的方式面对它们。

正确的方式是在障碍面前积极反思，而不是让自己陷入一个消极、自卑的泥潭，叫苦不迭。很多时候，我们之所以感觉自己驻足不前就跟这种错误的思维方法有关。一个人如果已经不再看好自己，那么他将来也只能碌碌无为了。

每个人都想让自己变得强大，当然强大不一定是拥有多少资金、占有多少财富，更多的是一种不愿让自己消磨时光，碌碌无为地过一辈子的期望。我们从坎坷中走来，在经历各种挫折后终于发现，自己真正难以超越的不是外在的种种障碍与限制，而是我们自己的态度、观念。

如何才能塑造一个强大的自己呢？首先要确立一个观念，就是我们无法成为别人，只能成为最好的自己。

如果你总是为自己找出太多理由来证明自己的能力不足、水平有限、条件不够，那么你就无法激发自己内在的潜能。如果你仍然无法走出自卑的影子，对自己顾虑重重，那么你就无法将储藏在自己身体中的潜能释放出来。

然而，我们并不能因此而觉得自己误入了迷途。人生没有弯路，那些获得辉煌人生的人也多是从迷途中走出来的。他们不但不会憎恨自己的那些经历，而且还会对其充满感激。因为迷失中他们懂得了反思，学会如何正确看待自己。

他们也曾经自卑，觉得自己一无是处，有时甚至放弃了突破的希望，和对未来的期待。前面是高山，后面是绝路，在无路可走，无处可退时，他们终于爆发了，开始挖掘自己的潜能，以奋力一搏。

也正是因为这奋力一搏，才使他们看清一个不一样的自己。原来一切并不是自己想象的那个样子，是错误方式和观念将自己逼上了一个无路可退、无路可走的境地。觉醒后，他们发现自己原来有如此大的潜能被埋没了。于是他们的信心之门开启了，并开始从自己身上获取能量，对自己深信不疑。

感谢那段迷失的路吧，经历了它，我们就会渐渐变得强大起来。当一个人开始向内心寻求问题的解决之道时，他就离真正强大的自己近了。而且也只有走过了那些误区，我们才会坚信，只有做真实的自己，才能让自己变得强大。

允许成功转个弯才到

那一年,我大学毕业,为了留在南方的城市,我拼命找工作,当时我学的是建筑设计专业,找到了几家建筑设计院,但人都是满满的。人家对我说,我们这里暂时不缺建筑设计方面的人才,你先来我们这里干个保安什么的吧!等有机会再安排你。我听了此话恼羞成怒,我堂堂一个名牌大学生,让我去干保安,这还不让人笑掉牙。我气愤地回绝了那家公司。

那段时间我非常苦闷,就回了趟老家。我老家在山脚下的一个小村庄。那天天气很不好,刚到家就下了一场雷阵雨。父亲问我为什么回来了。我便把大学毕业后的遭遇向父亲说了。父亲听后笑着说:"现在像你这样心态的人很多。"就这样,我和父亲闲聊起来。

雷阵雨很快就停了。父亲说,雨后,山上有很多蘑菇和木耳,咱们去采采,我给你做蘑菇汤喝。我高兴地点头。可当我和父亲爬到山上才知道,山上已经有很多人在采蘑菇。父亲告诉我,这里的蘑菇很出名的,周围的人都知道,咱们晚到了一步。我听了很失望,想今天的蘑菇汤喝不成了。父亲说,咱们摘一些山果回去吧!这里的山果没有打过农药,也是绿色食品呢!

我和父亲摘了满满一麻袋山果,这时候我才发现,山上的人都已经下山去了。父亲说,今天有你的帮忙,摘的山果太多了,咱们也吃不了这么多,这种鲜东西,搁几天就会坏的,咱们一起背到山下小镇,卖给水果店。我和父亲把水果背到了水果店,没有想到还真卖了不少钱。父亲让我在水果店等他片刻，我点了点头。一会儿父亲就回来了，拎了满满一袋子东西。我们回到了家，父亲给我做了一锅的蘑菇汤，我很吃惊，蘑菇不是都让人采走了吗？父亲看出来了我的疑惑。父亲说，蘑菇是我用卖水果的钱买的。但也许你不知道，这些蘑菇不是人工培植的，而是山上雨后自然生成的，我们这里的人喜欢在山上采摘一些东西去卖钱。父亲告诉我，很多人都在去抢那个东西的时候，我们不一定能够顺利得到，有时候我们不得不走一些弯路，这是没办法的事。我明白父亲的用意了，父亲是用这件事在启迪我啊！

　　后来，我还是去那家公司，做了保安，在那里，我终于找到了一次机会，让领导发现了我的才能。当时领导很惊诧地问我，原来你是这方面的专业人才，怎么愿意做保安呢？我告诉他，我不来公司做保安。你怎么会发现我的才能呢！父亲教我学会了，让蘑菇转了一个弯。

[别抱怨失败，想想自己哪里做得不对]

如果让你用一个词评价王菲，你会用哪个？率性？冷傲？叛逆？好嗓子？也许都对，但这都是现象。天后称霸歌坛这么些年，靠的肯定不仅仅是这些。那靠什么呢？王菲当年的御用制作人张亚东用了一个词：精准。"她在唱歌的那一刻，或者在听音乐的那一刻，是非常精准的。在录制《浮躁》的时候，我做了一段音乐，在录音棚放了一遍，王菲说，不安，叫《不安》吧，她比我更能找到音乐表达的东西。"在录制一张唱片的时候，她从来不跟制作人要求什么，当她选定一首歌，编曲结构定好，进棚后张嘴就唱，唱完后走人。因为她在此前已经对一首歌做了最准确的鉴别，甚至她从来不会为一张专辑开策划会，完全凭直觉，从来不管什么风格不风格。

我相信这是实质。因为王菲对音乐，对情感，乃至对做人，都有精准的判断和领悟，所以才能最准确地打动人心，最大限度地呈现自己的才华和魅力。

这也许是我们最应该从天后身上学习的东西。唱歌是王菲的事业，或者说工作，她的成功得益于对这件事的精准把握，而我们在自己的工作里，同样也需要这样的精准。精准地选择职业方向，精准地选择适合自己的公司，精准地理解老板的意图，精准地执行自己的任务。

在这个一切都越来越细化的社会，仅仅准确已经不够了，我们需要的是精准。

蔡康永说，他家境优越，从小被佣人服侍长大，以致去美国留学时，水都不会烧。他只听说水开了会冒泡，却不知道第几个泡泡出来水才算开，第一次烧水，就站在一边瞪着那水看，看到第一个泡泡出来了，不放心，又一串泡泡出来，还是不放心，内心十分纠结。

以前听他讲这个段子的时候，我还很不屑——烧个水至于吗。但是后来看报纸新闻，说不要让水过度滚开，冒泡时关火即可，否则会使水中矿物质沉淀，并增加亚硝酸盐含量。我刚要奉命执行，没几天，又有报道说，现在很多城市水质不好，氯含量超标，水开了需要多烧几分钟才安全。我就迷茫了，每每烧水，都纠结于关火的时机，惶惑程度不亚于蔡公子第一次烧水。

后来偶然看到一本健康杂志，里面有篇文章详解了科学烧水的问题，人家综合各种因素，给我们提供了烧水的最好办法：如果是城市的自来水，最好在烧开后敞开盖再烧三分钟，使氯气挥发，而普通地下水则应烧开就停火，防止重金属和亚硝酸盐成分大量增加。文章讲得有理有据，细致全面，既提出了问题，又提供了解决问题的办法，这让我对该杂志顿生好感。

类似的情况我姐姐也遇到过。她从十年前就致力于减肥事业，各种减肥药减肥茶减肥操减肥食谱不知体验了多少遍，但收效甚微。这也不怪人家，她吧，跟一般人不一样，偏偏胖胳膊，小腰小腿都挺细，就俩胳膊壮得跟牛似的，夏天的衣服从来都得盖过胳膊肘。她想减胳膊，又不想减别处，尤其是胸，这让卖减肥药的都很为难。不过今年春天，她在一家减肥机构找到知音了。人家专门针对她制定了一套方案，一边吃药，一边给胳膊抹药，一边每天去做按摩，那个方案细致得我看了都眼晕。他们在姐姐胳膊上画了几道圈，严格规定每道圈里涂什么药，吃药时间几乎细到分钟上，还别说，两个月下来，那俩牛胳膊还真细了一大圈。姐姐欢喜之余，佩服得五体投地。

当时我想到的词，也是精准。那些成功者，未必比别人高明，但多半比别人精准。对自身能力认识精准，对客户心理把握精准，对市场需求了解精准，瞄准了去干，成功的概率自然高。

很多人做工作都是迷迷糊糊模模糊糊，只觉得仿佛大概也许是这样，抱着有枣没枣打一竿子的心态，靠运气求胜利，这种情况多半难成大事。因为这么打枣的人太多了。随便一竿子就能打下来的枣，早就被打完了。要想有大收获，还是得先看仔细，瞅准了哪里枣多，再找跟长竿子，准确地把它捅下来。

所以，打不下枣来的时候别抱怨，先看看自己的竿子伸得够不够精准。如果你的工作能精准到告诉别人水冒几个泡算开，怎么减肥能只减胳膊不减胸，估计就离收获的季节不远了。

你对一件事的认识有多精准，你在这条路上大概就能走多远。

让烦恼停下，让幸福蔓延

女人都爱八卦，在一起难免说点家长里短婆婆妈妈的事情，什么婆婆太小气，老公不体贴，孩子不听话之类的琐碎矛盾。但我有个好友就没这毛病，整天见她开开心心斗志昂扬的，很少加入"三八妇女"阵营倒苦水。

只有我知道，她生活中的烦心事比谁都多：孩子尚小，父母皆病弱，身边没有一个能帮手的兄弟姐妹，全靠她和老公照顾，她每天都奔跑在幼儿园和医院之间。婆媳之间，夫妻之间，也并非一派明媚春光，柴米油盐的纷争别人有，她也有。

她的原则是："抱怨有用吗？抱怨完还不是该干什么干什么，那就少说，多做。"她不爱抱怨，并非是伪装幸福，而是真的知道如何客观看待生活中的瑕疵。

如果有人问起，她也会说上几句，只是绝不像有的人对待苦水如黄河入海一般没有节制，一般都是点到为止，而且很有苦中作乐的精神。

她说她讨厌负能量。其实没有人喜欢负能量，每个人都能看出别人的负能量，却忽视了自己的负能量。很多时候一不留心，自己就成为负能量的出口。

以前我曾经为一个留学的姑娘做过情感咨询，她唠唠叨叨说了一大堆生活中的烦恼，主要都集中在和她婆婆身上。

比如婆婆当初来看她的时候说了几句不太好听的话，比如婆婆总是给她老公打电话却从来都不让她接，比如家里有事婆婆会朝他们要钱老公希望她能同意。我听来听去，觉得这些都属于"天上飘来五个字，那都不算事"。

可她觉得是大事啊，觉得婆婆就是阻碍她幸福生活的最大凶手，婆婆的存在，以及婆婆的某些做法和习惯，令她耿耿于怀，吞不了咽不下。

她说自己老公还是不错的，挺维护她，也不愚孝，婆婆要钱只要她不同意老公就不会给，只是耐心地做她的工作。但越是这样，她越是觉得，"要是没有这样的婆婆我的生活不就更完美了吗？"

咨询解决不了她的问题，她希望婆婆很善解人意地突然去世，唯有这样她才能彻底得到解脱。可她婆婆刚年过五十，活得结实着呢，还能和她斗智斗勇很多年。

说实在话，我不太喜欢看这样的人，听这样的故事，我真不喜欢。我不喜欢读过书见过世面的女性还盯着家庭琐事没完没了地唠叨、抱怨，这真辜负了我们在美好岁月中的苦读。

女人读书是为了什么，就是超越前辈那种只能围着锅台转，人生格局太窄的宿命。我们接受教育，旅行，思考，看到的世界越大，就越不会为了一点点失去而悲伤。

无论男人还是女人，成熟的标准就是要认清世界并不是以我们最喜欢的方式在运行。每个人的生活都有暂时或者永远都处理不了的问题，无论我们是否有能力看到，或者感受到，都应该相信这一点。这是生活的真理。

你工作，身边永远有你讨厌的同事；你上学，总有一个或者几个人是你看不顺眼的；你走路坐车穿梭在陌生人之间，你会收获善意也会收获恶意，有可能你没有做错任何事，一样会被那些叫不出名字的人忽视、损害。

如果在某一刻，我们能拥有堪称完美的，什么都像拼图一样放在最合适位置上的生活，那就太应该感恩了，而且还要明白，命运随时可能会拿走它。如果没有达到这样的境界，才是正常的，合理的。

所有人都在成团的烦恼中穿越着生活，要顽强要客观要有信念，才可能赢得幸福的笑脸。

美剧《左右不逢源》是部家庭情景喜剧，中年妇女Frankie有三个孩子，老大是个男孩，很懒散，喜欢做白日梦，不愿意遵循传统，早晨赖床不起，气得妈妈拿喷壶喷他，至于学习成绩就更可想而知了；老二是女孩，生性积极却又平庸无奇，在学校是最没存在感的学生，屡次努力参加各种活动屡次被老师同学忽视，父母整天为她打气，很小心地保护，其实没有人注意她这是事实，不让乐天派的女孩看到生活的残酷；老三是个男孩，爱读书，自闭，不善交际，被同学们视为怪胎，妈妈要煞费苦心地帮助他交朋友，学习人情世故，拼命把他从书的世界中拽出来。

和这三个活宝孩子相比，家里的经济困难，妈妈需要一边兼职卖二手车一边料理家务，以及夫妻之间的争吵等，都算不得什么了。

每一集都有叫她焦头烂额的事情，她应接不暇，狼狈不堪，看着都叫人心疼。但在这一集结束的时候，总是会有一个温馨的小结尾，她能看到生活中另外的一些美好，这些美好能够冲淡眼前的矛盾，让她和丈夫能够鼓起勇气面对明天。

这就像真实的生活。也许每天都会变好一点，每天都有点改变，但有些问题永远不会得到彻底解决。

只是，偶尔，你要学会摁下暂停键，让烦恼停下，让幸福蔓延。

穷不可怕，可怕的是你一直让自己很穷

[1]

小时候，我总嫌弃妈去超市时，仔仔细细看过每一件商品的价签，又常常大着嗓门，在路边和卖水果的小贩计较着抹零几毛钱，觉得那是"妇女"专属的一种神态，发誓今后的我，一定不要老老实实地继承。

可是时间走到了这一年，若你把生活定格，就会发现很多时候的我，简直比"妇女"还"妇女"。明明恨不得用放大镜，看过每一件商品的价格，还要在结账的时候，厚着脸皮和收银员说，"噢，这个没想到这么贵，还是不要了吧，噢，对不起对不起……"甚至还要在结账后，懊恼地想，"若是等到周末早上，农民集市开张时去买，是不是就会便宜许多。"

如今的我，那副拧着脑门精打细算的神情，和十几年前在街边和水果贩子大声嚷嚷的妈，完完全全地重合在一起，她火眼金睛的扫价能力和口若悬河的砍价技术，我不仅老老实实地继承，甚至比她更胜一筹。

十几年前那个抱着肩膀，袖手旁观一场场砍价战争的少女，那副潇洒的脾气哪儿去啦？哦，她那脾气挨了生活的几记巴掌，再跌入几次泥潭，然后被现实打磨得干干净净。

我刚刚出国的时候，过了一段极苦的日子，后来把这些经历写下来，竟然还成为一本书，有了大家的包容和支持，这善意的关爱，一直让我受宠若惊。

在整个创作过程中，这些穷苦的日子，都是一边唏嘘着一边回忆起来，总是会出现写不下去的地方，因为那曾经吃了太久的泡面，一旦出现在脑海中，就会让我反了胃。那曾住过的四面透风的出租屋，在心里浮现，又再让我感受了一遍记忆中的那份冷。

有一天看到网友留言，心里落寞，他说，"看你写自己曾经每天只吃泡面，你难道是想教育年轻人都这样做吗？"不久过后，有朋友回复他，"可那是艰难的时候，人能做出的最好的选择了。"

我对着屏幕抹眼泪，差点大哭出来，世间有两种"我懂得"，一种是因为"善良"，另一种是因为"经历过"。

[2]

我对穷没有偏见，没有抱怨，当初一个人独自出国，没有亲人没有朋友，在陌生的土地，靠一双手重筑自己的生活圈，也穷出了一种坦然，穷出了一种滋味。

从打工度假签证，到拼命打工的留学生，那是最被钱束缚的几年，"必须要经济独立"的决心，让我的生活格外艰辛。

那时我总是换住处，从便宜的房子迁徙去更便宜的房子里，行李箱总是放在墙角，处于半打开的状态，因为说不定什么时候，就要搬去另一个地方。

我常逛的超市叫ReducedtoClear，这里卖的食物因为接近或者超越了保质期，价格十分便宜。我一周光顾一回，把罐头、泡面、牛奶抱回家，就靠"中国人什么没吃过嘛"的侥幸心态，熬过一天又一天。

我几乎不逛街，偶尔陪朋友去买首饰买衣服，也目不斜视，把钱包捂得死死，也不敢下馆子，倒总是去装修高雅的餐厅外面，装模作样地瞅几眼，作为穷苦留学生的艺术享受。

我最奢侈的物品是一辆1996年的尼桑车，它带我去便宜的超市、加油站，带我去学校和打工的地方，就在这嘈杂的人间里，为我扒拉出一块块落脚地，是我最贴心而乖巧的伙伴，可它那关不紧的门，和每周要打气的轮胎，却让它也随时冒着罢工的风险。

我这样一个女孩子，把几件衣服穿遍一年四季，开面目全非的N手车，不是没遭过别人的白眼。再阶级平等的国家，也有人热衷看出别人的三六九等。

餐馆的老板娘，时不时挤出一些难听的话；喝酒的客人，总想从我这个无助的女孩子身上捞点便宜占；一同读书的富有同桌，捏着鼻子避开我身上的油烟味；有些聊得不错的男孩子，仿若也躲着我，生怕我爱上他们或是他们爱上我，然后我变成个没有绿卡、没有身家的"累赘"般的女朋友。

穷让我找不到自己的同类，一些爱好也成为被排斥的理由，"痴迷读书"在富人阶级是高尚的行为，在贫困阶级就成了"装"。我总是在无意间从身边人的面孔上读到这一种神情，一个没背景没绿卡没姿色的姑娘，还指望靠读书改变命运不成？

我不信，真不信，我非得在这穷里，折腾点属于自己的能力。

[3]

就如同三毛说的，"轰轰烈烈地恋爱，舍命地读书。"我拼命起来，也有点"把世界全然抛在身后"的意思，我拼命地赚钱，拼命地读书，那几年里不是在打工，就是在啃课本。

穷过了的人，都对钱有种贪恋，一个小钱一个小钱地攒，也能攒出别样的味道。我从不多的生活费里省着，挤着，压榨着，这穷竟然也让我琢磨出了点儿逆境的价值。

　　读书那阵子，同学间总是组织聚会，我这个曾经爱好吃喝的人，去了几次，就再也负担不起。假装的体面，总是让我的钱包很难堪，每次结账后都要挣扎着想，这付一百多纽币去享受一餐的愉悦是否值得，然后面对第二天早上醒来时的懊恼，这每一分不明不白花出去的钱，都没尽到它原本的用途。

　　我有时候觉得好气又好笑，"一分钱掰成两半花"，这不是我姥姥那个年代的习惯吗？什么时候也跟着我出了国，在这里扎了窝，还扎得深深的？

　　我后来就因此错过一些朋友，可是在家用几毛钱一包的咸菜下饭，去代替餐桌上的觥筹交错，也因此庆幸获得很多清醒的时间。

　　穷为我的独处造就了绝佳条件，我学会了如何和自己相处，也学会了在穷里自寻欢乐。

　　穷也让我结识了一些珍贵的朋友，我和他们在逆境中结识，彼此鼓劲和生活作战，这些朋友，便是今后人生中的莫逆之交。穷是全世界年轻人所要面临的普遍难题，我的朋友中不乏有和我一样身陷穷苦的年轻人。

　　近看，在新西兰，到处是成群结伙到超市里，去买贴着"extralow"（超低价）标签食品的留学生；远看，在中国，那海的另一边，是住在廉租房里忍受冬冷夏热的白领族朋友们。我们这些为物质生活所奔波的年轻人，有时也觉得上天不公平，这大好的青春都穷着，为什么自己那么努力，也没挣扎出个所以然？

　　可是记得有一次，因为有朋友要回国，我和一堆落魄的"联合国成员"（朋友们来自西班牙、韩国、墨西哥、哥伦比亚、中国，我们因此称自己是"联合国成员"）在街上找便宜的聚餐地方，最后走进一家看似简陋的比萨店。

　　坐稳后却看见菜单上不低于30纽币的两人食比萨，于是我们互相对视了一下，仿若早已有了这种默契，趁着女主人去厨房的间隙，我们一个接着一个，灰溜溜又静悄悄地溜走了。

我们一排人走在街上，浩浩荡荡，每个人都为自己糟糕的行为，笑到没力气。突然有人说，"等十年后，我们都成了大富豪，再回来恶狠狠地吃个够吧！"

那一刻，我们中谁也没有为自己吃不起比萨而难过，也没有任何人怀疑自己成为不了十年后的大富豪。

这样一想，也许上天是公平的，他让我们这大好的青春穷着，却给了每一个人阔绰的决心。

穷成全了我对过去的一场反省，让我学会了珍惜，坚强，并且意识到责任和宽容的重要性。

穷的时候，每一件拥有的物品，都被赋予了绝对重要的意义，珍惜就成了必备的品质。一件破洞再补好的衣服，一双一年四季都穿着的鞋子，一个样式简单却结实无比的背包……

这些之前常常让我滥用或丢弃的东西，就成了此刻并肩的战友，它们忠实可靠，朴素踏实，也帮我剔除了曾存于心里的虚荣，也让我在这样物质并不充裕的环境下，知道了女孩子要坚强，更要自强的大智慧。

我也时常回忆起，从前被爸妈庇护着的生活，有点懊恼自己如此晚地懂得，那曾经的每一点"阔绰"，都来自他们万般的辛苦，这让我如今身上肩负了一份责任，我也想给他们同样的，或者更多的"阔绰"。

另一方面，看多了因为疾病一夜贫穷的家庭，便又在心里多生出一份忧虑，作为爸妈唯一的孩子，我要尽全力去给他们一个健康而快乐的晚年。

穷还让我学会了宽容，这是人间最大的智慧，多少人因为失掉宽容的品质，而一步步变得狭隘。记得有一次看到一起打工的女孩子，在后厨狼吞虎咽地偷吃一个鸡蛋，便意识到其实每个人都有不为人知的经历，任何时候都不要不明真相地用尖酸刻薄的语言，让他如今的生活更加不容易。

[4]

也许有人说，穷那么好，你咋不接着穷？穷是挺好的，却让我认识到了"富"的必要性。富是创造很多有意义的事情的条件。

我头脑中一直记得这样的画面，几年前自己在餐馆打工时，身上穿着洗不净油烟味的衣服，每天端盘子洗碗点头哈腰，手指的粗糙度，都赶上了脚后跟。

那时我心里面填满的都是写作的梦想，空闲的时候，随手拿一张给客人点菜的纸，裤兜里掏出一支笔，整个人一面抵着后厨里的大米袋子，一面在纸上写着字，心里却几乎恶狠狠地发着誓，"以后有了钱，就躺在床上，什么都不干，就写字看书个两天两夜！"

那年穷着，什么都要用卑微的劳动去交换，一个异国底层打工的女孩，她的时间是不值钱的，我几乎没有完整地看过一本书。

一本书的阅读，通常发生在很多地方的很多时刻，上班前早起的那一两个钟头，学校里一个人啃三明治的午餐时间，中餐馆油腻后厨的打工间隙，以及下班后躺在床上拼命忍住瞌睡的那一刻。

于是开始"不穷"的时候，第一件事就是拼命读书拼命写字，把精神建设搞起来。人穷过，就有居安思危的意识，怀里揣着五块钱，也不敢去花一块钱，一旦花完一块钱，便该想明天后天要如何过。

正因为这种担心着会再一次"一穷二白"的忧虑，我一刻也不敢停地努力着，看书，写字，拼尽全力做到问心无愧。如果哪一天又回到了那种一穷二白的生活，至少我还可以靠脑袋里的知识，去就着我的咸菜白稀粥。

我从"穷"到"不穷",经历了三年的时间。最穷的时候,有一次学校期末考试结束,我饿得前胸贴后背地走出来,都能感觉到从脑瓜子两边开始冒星星,我还愣是忍着口水,没走进学校门口面包店,去买那个三块钱刚好能填饱肚子的蔬菜派。

我回到家里,几乎破门而入,拉开冰箱门,就把两天前做的一大锅炖菜抱了出来,冰箱制冷太差,一揭锅就闻到一股不该有的味道,那也没扔,硬是放进微波炉里热了好几次,勉强安慰自己"加热能消毒",然后一口一口也照样咽得下去。

现在想想,那时的我,真是穷出了另一种境界,从馊饭里都能找到活法。

后来,"最富"的时候,也不过是偶尔去买件自己喜欢的东西,不用"咬牙""跺脚"再狠下决心了。因为心里为这"最穷"时候的活法,留下了一席位置,这让我一直提醒着自己,人需要用点朴实的生活,挫挫自己偶尔燃起来的嚣张气。

穷治好了我那么多的病,我嘴也不刁了,性格也不娇气了,连那么一点点写字人的柔弱病也不见了。我学着低着头走路,谦卑也踏实。从那样的日子一路走到现在,开始有了大把的时间去写作,觉得感恩又富有,做喜欢的事,这本身就是一种奢侈。我为此常常感慨,活着多好啊!

因为穷来得太深刻,所以今后的日子,即便"不穷"起来,也没有太多的改变。我依旧热爱逛旧货市场,没有了精打细算的压力,这便成了一种趣味。家里的健身器材,摆设,茶杯,统统是"救世军"二手店淘来的。

那种以慈善为目的的二手店,对我们穷人总是网开一面,有一次因为喜欢柜台前摆着的小人偶,问了价钱,我那恋恋不舍的表情,大概也出卖了我。收银的小伙子对我咧嘴一笑,"来,这个就送给你吧!"我含笑点头,生怕被人看出这窘迫。

我很容易满足，清炒一盘黄瓜鸡蛋，都能让我欢欣。虽然一直过着从"此处"搬到"彼处"流浪般的日子，却总是能在那里开辟出一点属于自己的乐趣。我喜欢在地里种着herb（用来作香料的香草），一场雨就能让薄荷叶窜得遍地都是，用手掐一片叶下来，在手心里搓捻，摊开手就能闻到美好的气息。

我在路边树上摘柠檬，摘黄桃，摘李子，要是碰上有处理家庭大型垃圾的日子，还能在路边捡点实用的家具。这看似依旧在穷着的日子，其实在我变得从容的那一刻起，就已经无比富有。

严歌苓在《波西米亚楼》里，讲起自己在芝加哥的一段辛苦经历，说道自己在那贫穷的两年中，获得五个文学奖，不禁感慨："人在最失意时，竟是被生活暗暗回报着的。"

我读着这位伟大的女作家的故事，心里久久地不能平静，我也感谢我的穷苦生活，在岁月中为我滋长了全部的力量。

穷让我知道，穷并不可怕，咸菜馒头白稀粥的日子，要是热切地过起来，也没有那么糟糕。可怕的是，一个人从这穷里熬不出一点意义，一点道理，那还真是辜负了这么好的人生，白来了这一遭。

[不去想着痛苦，痛苦自然就会消失]

初二那年的某一天，我忘了是几月几号，但我非常清楚地记得，那是一个星期三。那天发生的事情彻底改变了我，以至于我从此非常讨厌3这个数字。甚至有次租房，房子的内部装修和价格都让我很满意，但由于它在三楼，我最后选择了一套同样的价格，但品质要差很多的房子。

跟之前的许多星期三一样，吃过晚饭，我开始写作业。但那天，我写着写着突然觉得自己的手很脏，便跑去洗手。洗完手回来，坐了没几分钟，又觉得自己手很脏，来来回回洗了很多次手。那时候我还不知道这是一种强迫症，觉得自己一定是不想写作业才会如此心烦意乱。我合上作业去睡觉，心想着早上早点起来写。第二天早上，醒来后想到的第一件事情，并不是作业，而是，我的手很脏，我得赶快去洗手。星期四整整一天，这种担心快我把逼疯了，我不停地洗手。星期五、星期六仍是如此……这种情况一直持续了很多年。

没有患过强迫症的人可能不会理解，为什么会有人被此事困扰。我当时也无法理解。理智上明明知道自己的手没问题，但就是会控制不住地担心手很脏，时时刻刻都想要去洗手。很多人有轻微的强迫症，比如出门后担心门没锁好，或者煤气灶没关。通常情况下，这种不安很快会被其他事情冲淡，不会给人带来太大的困扰。如果你曾经有过类似的不安，可以设想把这种小小的不安放大无数倍，并且无论如何都挥之不去，导致做什么事情都坐立不安，那就是我当时的症状。

我的生活本来一直是樱桃小丸子的画风，那个星期三之后，突然间就伊藤润二了。表面上，我成天还是一副大大咧咧，兴高采烈的样子，但就算笑容满面的时候，内心却只能感受到不安、绝望和痛苦。上课的时候，根本无法听讲，洗手的冲动不停地冒出来折磨我，成绩自然是急剧下降。玩耍的时候，也不能尽兴玩耍，总是想方设法去洗手，而且极度害怕别人发现我的这个"秘密"。连最亲密的朋友都不知道我正经历什么，我怕自己的"不正常"会吓跑他们，我已经失去了那个开心的自己，不能连朋友都失去。

我以前是在农村上学，父母费了很大劲才把我转到市里的重点初中。中考没考好，心里很是内疚。那时候我父亲在外地工作，只有母亲在身边。中考成绩下来的时候，我母亲并没有骂我。她一定是感受到了我情绪不对。对我母亲来说，我开不开心，比考试考得好不好更加重要。这一点上，我对她充满了无限的感激。通过看一些心理方面的书籍，我知道自己得了强迫症。面对母亲的关心，我终于崩溃了，但是我仍旧没有勇气告诉她，自己有心理疾病。我只是说，学习的时候，心里老会想别的事情，注意力完全无法集中。其实这也不完全是谎话。

有些父母喜欢把"都是为了你好"挂在嘴边，但我母亲从来没说过一次类似的话。她为我做的一切，我都能感觉到是出于爱，是真心实意地为了我好。高三的时候，见我情绪不好，她替我给老师请了假，带着我去旅游。"不要太为难"是她对我说的最多的话。

看到这里，也许你们会觉得这是一个"爱，可以治愈一切"的故事，正因为感受到了母亲的爱，我更觉得不应该让她失望。我每天都告诉自己，要有勇气，一定要战胜它，一定要战胜它！然而，我的强迫症更加严重了。课堂上，越是想好好听讲，越听不进去，我老是举手，要去上厕所，其实是跑去洗手。同学们都笑我"肾虚"。

高考一塌糊涂，我觉得自己完了。彻彻底底地完了。那天晚上，我坐在黑暗里，万念俱灰。我已经没有力气再斗争了，只能真真切切地面对自己最恐惧的事情——这强迫症恐怕是一辈子都好不了。也就是从那时候起，我再也不绞尽脑汁地去想怎么摆脱它了。我唯一能做的，就是带着它一起去生活。除去睡觉的八个小时，每天十六个小时，就算这种病夺去我十四个小时，至少我还拥有两个小时，怎么让这两个小时过得有意义，才是我应该努力的方向。

我没想到的是，想法转变后，洗手冲动的频率越来越低，强迫症奇迹般地好转了。本来每天它困扰着我的一大半时间，逐渐只占用一小部分时间，到了后来，甚至好几天才会出现一次。虽然至今并没有完全治愈，它偶尔还是会冒出来骚扰我一下，但不会影响正常的生活了。在我看来，我已经战胜它了。顺便说一句，如果有类似症状的朋友，我并不太赞同自己扛，最好还是去看看专业的心理医生，如果当初有专业的医生帮我，我多半也不会痛苦那么久。

我一直以为，经历了人生最黑暗的时期，只要我身体健康，没患重病，以后的什么痛苦都不算事儿。曾经有段时间觉得自己简直就是超人附体，无所不能，直到——失恋。一次彻彻底底，败得连尊严也不剩的失恋。在它面前，我才意识到原来自以为的"强大"是如此不堪一击。在最深爱的时候失去，我无法用语言描述那种痛苦。比痛苦更可怕的是对痛苦的恐惧——害怕自己永远忘不掉他，害怕自己永远也无法适应没有他的世界。当然，还有无边无际的悔恨与思念。感觉就像掉进了痛苦的沼泽地，用尽全力挣扎着要出来，反而陷得更深。

"妈，我该怎么办？我应付不了。我觉得自己扛不过去……"我不争气地在父母面前大哭。母亲不知道怎么安慰我，只是做了好多好多好吃的菜。我慢吞吞地吃着饭。父亲说："看嘛，还能吃饭，证明也没那么惨！"我忍不住笑了。这一次，爱，起作用了。他们让我看到了，纵使再痛苦，因为有爱，生活也值得过下去。

后来我还真的忘了那个人。不是说把他彻底从记忆里剔除了，我的意思是，几乎不会想起他，就算偶尔想到他的时候，心中也早已没有了思念，更没有痛苦。如果这里面有什么秘诀可以分享，我想说：失了恋，重点不是如何忘掉那个人，重点是如何在忘不掉那个人的情况下，该干吗干吗。战胜痛苦的最好方法是适应它。

其实很多让人痛苦的东西都是如此，当你不再试图去摆脱，不再担心摆脱不了会怎样，只是做好自己该做的事，有一天，你会猛然发现，嘿，原来我已经摆脱它了！

[眼界放长远一些，幸福才能更多一些]

先给大家讲个故事。

有位成功的企业家，他年轻时，还没那么成功。那时候，他的企业刚刚起步，他求贤若渴，到处物色能帮自己把企业做大的人。苍天不负有心人，终于让他找到一个很满意的人才，当时他并非实力很强，但还是给对方开了远高出平均水平的薪水。

然而，没过多久，另一家公司开出比他高不少的薪水，想挖走他新请的得力干将，这位干将很不好意思地找到他，表示自己家里负担很重，实在需要钱。他考虑了一会儿告诉他：他们开给你的条件确实比我好，公司也比我大，我也给不起这样的待遇，硬留着你也是阻碍你的发展，我理解你的选择。

当时他身边的人很气愤，纷纷对他说：这也太没有道义了！还有的人说：这样见异思迁的人，我们不稀罕，走了也好！

但他听了，只是笑笑。

又过了一段时间，商场风云变幻，斗转星移，那家公司竟然在极短的时间里倒下了，而他的公司不但没受影响，反而稳步发展。

他身边的人很高兴，觉得特别解气，叫你攀高枝，叫你见异思迁，这下好了吧，高枝断了，看你怎么攀？

据说那位人才确实有点后悔，身边的人很高兴地把这个消息告诉他，让他好好解解气，哼？后悔了？昨天你爱答不理，今天你高攀不起！

然而，当他得知这个消息时，他做出的反应是这样的：他去找对方，问他愿意回来吗？并且给了对方比现在还高的待遇。

对方几乎不敢相信，他很诚恳地说：当时我的企业很小，发展前景也有限，人家又开了那么高的薪水，我不想阻碍你发展，何况，大家都有家人，不为自己考虑，也要为家里人考虑，所以，我理解你的选择，换作是我，可能也会做同样的选择。现在，我的企业发展了，我也给得起你更好的待遇了，我欣赏你的能力，所以诚心诚意再来请你。

对方感动至极，再次回到他的企业，担任总经理。其他人不服啊，他都背叛你一次了，这种见钱眼开的家伙，怎么可以再请回来呢？老板你傻啊你！

任凭别人怎么说，他就是给这位总经理无比的信任。对方感动于他的胸襟和信任，从此一门心思都在协助他做好企业。

当企业越来越大时，很多人拿着钱过来挖他，但他没有一次动过心。他说这辈子能遇上这样的老板，是可遇不可求的，给我再多的钱，我也不会离开。

这个故事，我是讲给一位刚毕业的年轻人听的。

他说，还没毕业就开始找工作了，简历投了无数家，也去了几家公司面试，可是每次都没有下文，有时候等得着急了，他就打电话给对方询问结果，对方态度冷淡，只说如果合适会通知他的。

还有的公司告诉他，他们想找的是有经验的人，不招新人，等他以后有工作经验了可以考虑。

他从期盼到失望，再到戾气横生，愤愤地对我说：他们不就是看我是刚毕业的，没有经验吗？还有工作经验了再考虑我？哼，今天的我你爱答不理，明天的我你高攀不起！

"今天的我你爱答不理，明天的我你高攀不起"这是网上很流行的一句话，被很多失意的人拿来当成自己的人生信条，有些人确实攥着一股子气，取得了一定的成绩，更是觉得扬眉吐气，深深地认同这句话。

可是，这种话，你可以在失意时鼓励自己，但千万别当成你的人生信条，因为它不但毫无用处，还会把你的路渐渐堵死。

前段时间，一位编辑找我，她说亲爱的，我都有点不好意思找你，当时没有仔细看你的稿子就把你的稿子毙了，后来看见你的书卖得这么好，我特地买了一本回来看，真的写得挺好的，有内容有深度接地气，我错失了一本畅销书，所以都有点不好意思恭喜你！

然后我们就这样聊了起来，我聊一路写作以来的心路历程，她聊当编辑多年以来的感悟，她理解我写作的寂寞，我懂得她审稿的辛苦，加好友多时，这一刻，两人才渐渐成为朋友。

后来，她时常会在空闲时看我的文章，给出她站在编辑角度的建议，这些意见对我写作很有帮助。

昨天，她跟我说你一定会越走越好的，我笑着问怎么对我这么有信心啊！一本书卖好了，也许只是运气。她说一本书能不能卖好，会有很多偶然因素，就算是再厉害的作家，也不能保证自己的书本本都能畅销，这本好，很可能下一本就不好了，但是心态好的人，路会越走越宽的。

写作好几年了，被拒稿的次数真的是数不胜数，尤其是最初的一两年，几乎是家常便饭。每次投稿之后，就是满心期待，等待那个也许令我沮丧也许令我雀跃的消息，一般来说，坏消息的可能性要比好消息来得大。可以说，每一次被拒绝，都是一次不大不小的打击，会在心里产生一种否定自己文章、否定自己能力的感觉。

可是，我也在这种打击中努力成长，内心慢慢变得淡定，不再因为一次否定而一蹶不振，也不再因为一次肯定就忘乎所以。

我并不觉得曾经拒绝我的人有什么不对，比如我这位编辑朋友。现在写文章的人那么多，作为编辑恐怕每天都会收到无数投稿，哪有时间一一仔细审读？率先看的，自然是有名气的，有销量保证的，交情好的。

当时的我，虽然已经出了几本书，可是销路都很普通。至于更早时间的拒稿，我现在觉得不拒我才是不负责任，那时候有些文章稚嫩青涩，远远达不到出版标准，现在我自己拿出来看的时候，都觉得有点不好意思。

曾经否定我的人，后来再来找我，我不觉得这是什么扬眉吐气的机会，反而觉得这是一种鼓励和肯定，曾经的我，因为文章稚嫩，火候不够，所以被拒绝了。现在人家回头找我，说明看到了我的进步，并且给我的进步予以肯定，还有比这更令人高兴的事吗？

曾经，有位才华横溢的朋友，但一直都不怎么得志，所以性情变得乖张，后来，终于凭着自己的努力，慢慢打开了局面。

但令人可惜的是，取得成就后，她不是想着取得更大的成就，而是让当初拒绝自己的人看看，他们是多么的有眼无珠。

很多人都感受到了她的狭隘与强烈的报复心，最终，大家都不愿意和她合作，不愿意给她机会。她的成功，如烟花一般，瞬间绚丽，却快速滑落，最终死于她的狭隘。

而她，并没有从这一系列事情中吸取教训，反而更加发狠，要让这些拒绝自己的人，最终一个个跪倒在自己脚下。可是直到现在，她再也没有起来过。

说实话，成功其实并不难，只要你努力，只要你有能力，你就一定会取得相应的成绩。可是，长久的成功却真的很难，它需要涉及的方面就不仅仅是能力了。

成功的人到最后都明白，能够长久成功，需要长远的眼光，容人的雅量，高人一等的格局，若始终想着去报复谁，羞辱谁，证明给谁看，那么，即使成功也不会长久。

别担心，幸福会在下一站等你

晚上吃完饭，散步到一处外地出租户比较多的老旧小区，路边各种小店林立，物品丰富，物价实惠，但多少有点杂乱无章和零乱的感觉。

小区里来来往往的多是年轻人。看着他们，猜想他们是学校里毕业不久或是外出到这里打工、根基还没打扎实的人。因为初来乍到，只能租住在地段偏僻些的地方。这不禁让我想起刚来这座城市时的情景。

那时大学刚毕业，分配到这座举目无亲的新城，没有任何根基，一切都需要从零开始。那时候，对幸福也没有什么具体的标准，最简单的奢求，就是希望在夜色中的万家灯火里，有一盏灯能属于自己，有一间房能属于自己。

好在公司还不太寒酸，给我们新来的大学生都分配了宿舍，虽然宿舍是一间20多平方米的房间，住了三个人，但好歹算有个落脚的地方，不需要我们自己四处奔波找住处。

20多平方米的地方住了三个人，同伴们经常请男朋友或同学回家吃饭，吵吵嚷嚷，虽是热闹，却根本没有自己的独立空间。

上厕所要步行很远到公共厕所去；洗澡要去公共浴室，做饭只能在屋外搭建的临时厨房，房间窗户也小得可怜，关键是房间在一楼，极不安全。有一天晚上，睡觉忘记关窗，挂在墙上的背包被小偷用钩子勾走，丢了钱包，伤心了好一段时间。那时候，最大的幸福就是期盼能拥有一间带厨房、厕所、淋浴间的房子。

没过多久，公司给我们改善环境，帮我们换租了一套两室一厅。虽然还是要和另外的人合租，但是已经有不错的厨卫条件了，不用连冲个凉、上个厕所都要费很大周折，最主要的是房间安全了。记得搬家的时候兴奋得不得了，虽然弄丢了一个包裹，丢掉了很多重要的照片，却也没有伤心多久，没有什么能比住进大房子更开心的事啦。

但等到参观完公司给先分配来的大学生安排的带厨卫的独立房间，我们那短暂的幸福就被打破了。我们特别羡慕他们，希望也能早点住上那样的房间，可以拥有完全独立的空间。

过了些时日，我拥有了属于自己的、单独的宿舍，可以一个人拥有一整个20多平方米的房间，心里别提多高兴了。

再过了一段时间，公司借给我们一套两室一厅结婚用，虽然产权不属于我们，但是房间终于像个家的样子了。

再后来，我们拥有了属于自己产权的房子；再后来，房子慢慢变大。

在那段岁月里，我们用漫长的时光，等啊！盼啊！一点点靠近梦想，一次次验证幸福的模样，那每一次幸福的感觉都被我们牢牢握在手心，清清楚楚地记在心里。

幸福没有固定模式，有的人希望长命百岁，有的人希望功成名就，有的人希望岁月静好。大家的目标不尽相同，幸福的模样也千变万化，但是总会有一款稳稳地握在你手心里。

朋友的腿莫名奇妙地疼以至于不敢走路。检查了很多医院，都说没什么大问题，但就是疼痛，每上一级台阶都撕扯得疼。

她当时最大的愿望，就是希望走路时不要疼，所以每天坚持锻炼，坚持调理营养。好在功夫不负有心人，在她的坚持下，终于恢复了正常。

现在，每每说到这次意外，她都会语重心长地说："那时候人什么杂念都没有，就只有一个念头，就是锻炼，锻炼，再锻炼。走路时绝对不能让腿疼。"

阿姨生了重病，时而昏迷，时而清醒。她的女儿一直守候在身边，等着她醒来，等着听她讲儿时的故事，等着听她絮叨从前的点点滴滴。

阿姨的女儿这时候最大的幸福，不再是祈求长命百岁，不再是奢望健康快乐，而是在看到阿姨睁开眼的一瞬。只要她能醒来，就证明还有明天，只要她能醒来，就说明还有希望。希望阿姨能坚持一天是一天，能多活一天是一天。

这时候，只要她能清醒地和大家聊聊天，叙叙旧，就是最大的胜利；这时候，不再需要诗和远方，只要她还能看见蓝天和白云，就是最大的成功。

虽然我们可以期望得更奢侈一点，把梦做得更夸张一点，但是我们不能不现实，不能不真实。我们不能一步登天，而是需要一步步实现，一步步接近幸福的模样。

我们总不能无谓地想象，幸福是可以随时随地搭飞机去法国吃大餐，拥有一整幢写字楼，光靠租金就可以几辈子衣食无忧。

那不是幸福，那只是幻想，是脱离实际、不接地气的毫无意义的幻想，那不光不会让我们感到幸福，反而会弄坏我们的心态。

每种幸福都应该是那时那刻稍微努力就能实现的，稍微期待就能变成现实的。

就像华为总裁任正非所说，一个人一辈子能做成一件事已经很不简单了。我们13亿人每个人做好一件事，拼起来就是我们伟大的祖国。

只要我们把每一次那小小的幸福都牢牢握在手心里，日积月累，一点一滴，就会从一无所有，拼成一个大大的幸福，写满我们的人生。

最好的幸福，不是如何像别人那样富有，也不是如何像别人那样成功，而是自己在这一刻做到了哪些从前未曾做到的事，自己在最近的下一刻还能做到哪些努力，还能达到什么程度。

最幸福的事，就在这一刻，就在最近的下一刻，你已经达到什么模样，力所能及地还能达到什么模样，然后把她牢牢地握在手心。

比如和孩子一起迎接期末考试，比如陪伴孩子参加中考，比如陪伴孩子参加高考，比如陪父母吃一顿饭让她们高兴，比如带家人去一次旅游，不辜负时光与自然的馈赠，比如只是想和久别的爱人静静地待上一段日子。

幸福有时候很简单，马上可以实现，有时候需要花费一段时间和努力。幸福从来没有一模一样的，它千变万化，但总有一款握在我们这一刻的手心里，总有一款在我们下一刻的期待里。

感谢疼痛，让你保持大步向前的清醒

在人生的岔道口上，若你选择了一条平坦的道路，可能会有一个舒适而享乐的青春，但你就会失去一个很好的历练机会；若你选择了坎坷的小路，你的青春也许会充满痛苦，但人生的真谛也许就此被你领悟。

不管遇到什么，也许有跌倒的时候，也许有不够勇敢的时候，但是如果跌倒了就不敢爬起来，不敢继续向前走，或者决定放弃，那么你将永远止步不前。只有抬起头，勇敢地朝前看，才能战胜一切困难。

有一个人拎着油瓶在路上行走，不经意间，路上一块凸起的石头将油瓶撞碎了，油洒了一地。但那个人只瞧了一眼，就继续赶路了。别人看见了，以为他不知道，便大声对他说："你的油洒了。"他头也不回，径直往前走。那人见他这样，很纳闷，赶上前去问："说你的油洒了，你难道没看见吗？"行走的人说："我看见了啊，可油都洒了，又捡不起来，再说天快黑了，离家还很远，我得赶路呢。"

尘世之间，变数太多，就好像手中的油瓶刹那间被石头撞碎一样。事情一旦发生，就绝非凭一个人的心境能有所改变。伤心无济于事，郁闷无济于事，一门心思朝着目标走，才是最好的选择。

在琐碎的日常生活中，遭遇挫折、被"坎"绊倒在事在所难免。但总有人一味沉溺在已经发生的事情中，不停地抱怨、不断地自责。这样一来，将自己的心境弄得越来越糟。这种对已经发生的无可弥补的事情不断抱怨和后悔的人，注定会活在迷离混沌的状态中，看不见前面一片明朗的人生。正如俗语说的那样：天不晴是因为雨没下透，下透了，也就晴了。

抛掉失去后的伤神和哭泣吧，要想发挥自己的潜能、取得事业的成功，就必须勇于忘却过去的不幸，重新开始新的生活。莎士比亚说过："聪明的人永远不会坐在那里为自己的损失而哀叹，他们会去寻找办法来弥补自己的损失。"

每个人都不可避免地要承担生活的苦难，一味地怨恨是可悲的。苦难不是不幸的情报员，恰恰相反，它往往是通往幸福的敲门砖。虽然可能会使你承受精神上的折磨，扰得你找不到心理的平衡，看不到前方的亮光。可正是因为经历了这些，你才开始成长，才开始知道怎样积累生活的经验。

没有经历风霜雨雪的花朵，无论如何也结不出丰硕的果实。只有历练折磨，才能历练出成熟与美丽，抹平岁月给予我们的皱纹，让心保持年轻和平静，让我们得到成长和成功。所以，每一个勇于追求幸福的人，每一个有眼光和思想的人，都会感谢折磨自己的人，唯有以这种态度面对人生，我们的生活才会洋溢着更多的欢笑和阳光，世界在我们眼里也才会更加美丽。

感谢那一份使你清醒的疼痛，因为它，你才能大步向前，追求人生的幸福。

与其抱怨不公平，不如自己努力达到公平

踏入社会，甚至是在上学的时候，在面对一些我们无力改变却又心有不甘的情况时，我们经常会不由自主地说一句话：不公平。为什么别人能够有升迁的机会而我没有？为什么别人受领导的肯定而我没有？为什么别人如鱼得水而我却步履维艰？

接着，我们会非常自然地安慰自己：因为升职的那个人是某领导的熟人，因为那个人情商高会来事……找出一万个借口之后，把所有的罪都归咎在"不公平"这三个字身上。

然后呢？

好了，让我们进入今天的鸡汤时刻，从我自己说起。

好，拿最近一次的事情来说。半年前，我开始经营个人与科室的微信公众号，科室的公众号收获了几篇爆文之后也让我在院内稍微有了些知名度。于是，我就被调去了宣传部两周。

这个时候，我的同事说："凭什么她能去行政楼爽翻天，我们还得在课室里苦苦地工作？真是不公平！"

后来，两周的工作结束，宣传部长问我愿不愿意去他们部门工作。作为一个极度讨厌护理工作的人，我巴不得下一刻就能够去他那里上班，巴不得立马就给他跪下表忠心示好。虽然他给了我希望，但渴望转岗的我还是失败了，我还得继续在护理工作岗上工作，继续熬夜班。我心想：真是不公平啊，我那

么努力，拼命出头，还是一点都不和人意，真是不公平！

去年，科室重新竞聘护士长，新同事被聘为副护士长上岗。于是就有不少"小声音"飞了起来：她姐是卫生厅的，所以她才能成功上岗，这本来就不是什么公平的事！

再往前推，工作的第二年，我得了一个护理部的奖（也就是护士之间自娱自乐的奖而已），第三年我又得了。于是就在某天我准备下班的时候无意间听到我同事说："凭什么她能得奖？真不公平！"

还有一件事，一个同事嫌弃领导排班的时候不照顾她的个人情感，于是跑去找领导拍板："凭什么给我排这个班，凭什么不给我休假？凭什么不按我的要求排休？凭什么人家的要求你都能满足，就不能满足我的？！你就是偏心！不公平！"

每一件事，每一件自己无法完成的事，都会被扣上不公平的帽子，然后堂而皇之地被抛诸脑后。看起来很有道理，对啊，这世界上本来就充满无数不公平的事，但细想一下，在上面的这些事情中，所有的错误都能够被归咎于不公平这三个字吗？

答案显而易见，不能。

从后往前说起，那个嫌弃领导偏心的同事，除了完成本职工作之外，对于整个科室的工作没有做过任何一点点的帮助，也没有承担任何一点本职工作之外的其他工作。她只是每天准时上班下班，仅此而已。而另一个她口中被领导偏心的同事，经常用自己的休息时间做课件给同事讲课、帮领导分担一些比较简单的科室工作。尽管我们并不鼓励每个人都像她一样爱岗敬业，尽管我们总说做好本职工作就是对自己工作最负责任的态度，但设身处地地想，作为一个领导，一个安分守己毫无特色毫无建树的普通职员，和一个愿意为了推动工作、推进团体前进的职员，谁更能得到领导的青睐？

你不能在自己没有做出多少贡献还拿着和别人一样报酬的同时却去要求比别人获得更多的权利与收益，在没有得到自己想要的结局之后，忘掉自己的不足，堂而皇之地把帽子扣在"不公平"这三个字上。这不是不公平，这是自私。

再向前走，那个质疑我能够的奖而她没有的同事，也是一样。为什么我能得奖？我削尖了脑袋参加各种比赛，甚至有人给我扣上了"哎哟她是不是是个比赛都参加啊真好笑"的帽子，但是，是不是还可以在后面添加一句"是个比赛都获奖"呢？一次，两次，三次，写作、唱歌、英文演讲、主持、翻译……而你呢？待在科室二亩三分地，每天用"不公平"三个字来给自己的懒惰找借口，那你说，谁得奖？

继续向前推，被聘的人固然有关系，但关系并不是一个人能够胜任一个职位的全部理由。你让我现在去当一个护士长，我就可以非常明确并且有自知之明地告诉你我做不到。反观我的同事，ICU的工作经验让她成为我们科室专业技术最娴熟的一个护士。其他人扎不上的针，她能；其他人完成不了的操作，她能；最气人的还在后面，其他人够不到的交际网，她能；其他人忍受不了的再上一级领导对她的质疑与指责，她能。所以你说，她能够上岗，还是因为她上面有人吗？

最后，到了我的转岗失败。是啊，行政楼"水"特别深，没错。这不公平，但是，关系不是成功的充要条件。一个智障，有再强大的关系网，也无法在职场中独当一面。尽管我在得知自己的失败之后非常沮丧，并且我也不知道自己会不会再次有机会转岗，再次之我也从不提倡放弃个人时间全心全意一年三百六十五日都爱岗敬业奉献自我的"工作狂"精神。但是我知道，把一切归咎于"不公平"这三个字上，除了让我变得更加愤世嫉俗之外，对我没有任何帮助。

那么，摆在我面前的只有两条路：要么接受这种不公平，继续努力等待熬出头的那一天；要么，不接受这种不公平，惹不起我躲得起，这世界上总有一个地方是不靠这种所谓的不公平就能够让人大展拳脚的地方。

这两种选择虽然都无法在当下看到结果，但远比每天哀怨地将"不公平"挂在嘴边，为自己的不努力与懒惰找借口来的实际得多。

我们都不能否认这个世界上的"不公平"，有些人就是比你有钱比你美还比你优秀，有些工作就是有人有关系能够上岗而你不可以。但我们更加不能否认的是学会接受这种不公平然后继续努力的精神。学会去接受这些不公平，才是成长与进步的第一步。

所谓的关系、背景可以让你风光一时，所谓的不公平也可能让你沮丧不已，但我们都要明白，比背景更重要的，是你的努力与坚持。"你只要努力，剩下的交给时间就好"是一句快被人说烂的话，也是一句非常有道理的话。而我想说，应该在这句话之前加上一句：当你遭遇了所谓的不公平的时候，不要去抱怨，请你看到不公平背后所能带给你的经验教训，然后，你只要努力，剩下的交给时间就好。

让阳光洒满自己的人生

谁也不能让自己的人生中没有挫折的影子，挫折难以避免，放得下挫折，感谢挫折，是我们每个人应该有的品质。

如果人生没有荒芜与悲怆，就定有长征般的考验。在这个无尽的轮回中，正上演着一场生存的抗争。路，就在我们脚下，如火焰般跳动，坚定不移地踩下去，即使最后还是失败了，你可以潇洒地挥一挥衣袖，不带走一片云彩——勿以成败论英雄，你不是胜者，但你是强者。

生活中，学习中，我们难免会遭遇许多不公平的经历，这是我们无法逃避的，也是我们无从选择的，我们只能接受已经发生的事实并进行自我调整，在挫折中拥有一颗冷静的心，不要像江河中的泥沙一样，就此沉下去，再也见不到阳光。保持理性乐观，找到自己不足的地方，重新鼓起信心和勇气，如江河水一样，积蓄力量，不怕挫折，向大海奔去。

与挫折牵手，就像春天的种子冲破坚硬的土层，抽出嫩绿的新芽。我们遇到挫折时，就意味着要经受一次磨炼，这时，我们就是那嫩芽，在黑暗中顽强向上，执着地追求明媚的阳光。也许，一夜之间，大地上笼罩着一层浅绿的薄纱——小草成功了。

与挫折牵手，就像夏天的彩虹在暴风雨后才会出现，展现出迷幻的美。挫折好比是一场暴风骤雨，在电闪雷鸣后，阳光普照大地，远方，一碧如洗的天幕中才会出现风雨后的结晶——彩虹。彩虹会感激风雨，因为不经历风雨怎能见彩虹？

　　与挫折牵手，就像秋天的麦香经历了岁月的磨炼，才会金黄诱人。我们想要成功，不可能找到一条没有沟壑、没有转弯、没有上坡、没有路口的阳光大道，我们只有经历挫折，才会到达人生的顶峰。

　　与挫折牵手，就像冬天的腊梅经受了雨雪风霜、天寒地冻，才有那"唯有暗香来"的芬芳。若要做一个有梅之秉性的君子，不经历三九之寒是不可能的，梅花感谢寒冬，因为"梅花香自苦寒来"。

　　快乐是什么？快乐是血、泪、汗浸泡的人生土壤里怒放的生命之花，正如惠特曼所说："只有受过寒冷的人才感觉得到阳光的温暖，也只有在人生战场上受过挫败、痛苦的人才知道生命的珍贵，才可以感受到生活真正的快乐。"

　　与挫折牵手，在挫折中磨炼自己，让阳光洒满自己的人生，去迎接自己的春天。

人生已经很艰难，有些事情何必当面拆穿

一两年前，我压力很大，暴饮暴食。快要崩溃的时刻，我会去超市疯狂采购，囤上几大袋高热量的垃圾食品，坐在石凳上边哭边往嘴里塞满食物，咀嚼、吞咽，撑到快要吐了也停不下来。

很快，我的体重飙升十几斤，从九十斤出头的萌妹子一下子成了虎背熊腰的女胖子。

爸妈总是不嫌女儿胖的，我胖出了双下巴，脸颊两坨圆滚滚的肥肉。爸妈也只是说，是我以前太瘦了，现在"刚刚好"。

过年回家拜访长辈，老人家们也纷纷附和着说"不胖""不胖"，更有能言善道之人笑盈盈地吹捧，"胖一点比原来还好看呢"。

有一次和爸妈出门散步，一位比较诚实的大妈见到我说了句"脸圆了嘛"，我妈立刻说，"哪有啊"，对方会意，话锋一转，说起了圆润一点看着更顺眼的言论。

我恼恨于自己管不住嘴，体重和赘肉与日俱增，却在别人的评价里以为自己"胖了更好看"，大鱼大肉，大快朵颐，放纵自己在二十多岁的年纪里，小腹日益堆上一层层肥肉。

这一年里，我自然而然瘦了下来，曾经肿胀的圆脸，也慢慢恢复了瓜子脸清晰的轮廓。

我妈妈的一个朋友，在我最胖的时候见过我一面。前不久，她在我妈朋

友圈看到我现在的照片，对我妈说："看到你女儿现在的样子，我也不担心我家女儿胖了，看来女孩儿会自然瘦下来的。"

而吐露这一番话之前，她也是附和说我"不胖不瘦""刚刚好"的人之一。

有个朋友，大专学历，一无所长，长得也不太好看，一口牙歪歪扭扭。可身边人说她性格温柔，挺好的。

她暗恋了一个男生很久，男生最终被感动，跟她在一起了。他自认比较帅气，和她一起的时候，男生就是不愿意公开他们在恋爱，对她也冷冷淡淡的。

逛街，不去，看电影，不去，在她来例假时递上红糖水这种事，更是不可能发生的。他们见面最多的地方，是宾馆。

后来，和男生暧昧多年的"红颜"遭遇失恋，男生立刻凑了过去。眼见着败局已定，女生选择了分手，男生很快就和他的女神在一起了。

她从共同好友的手机上看到，男生微信个人相册的背景成了"红颜"，时不时发几张合照，秀一下恩爱。

共同好友看不过眼，安慰她："你很好，是那男的瞎了眼。"

失恋的日子有多痛苦，不足为外人道。女生咬着牙，考了一份事业单位的工作，戴上牙套整了牙，考了拉丁舞教师资格证，整个人都挺拔了起来，气质超群。

她的朋友们再提及以前的她，有人终于说了实话："你简直换了个人。以前你和那个谁在一起了，不少人都觉得你们不般配，在背后对你指指点点，说你是丑小鸭撞见了王子呢。"

原来，她为一段感情卑躬屈膝，别人还觉得她本就高攀不起。

女孩子哑然，愣了一会儿笑了：她应该高兴才是呀。有人坦然说出真相的时候，说明她已经从丑小鸭变成白天鹅了呀。

想到我以前有个朋友，会说话，人缘好。她有次在卫生间看到另一个熟人，忙迎上去夸她的新衣服好看，捧得对方笑逐颜开。对方施施然走了后，朋友转脸就对我说："这么黑还穿鲜绿色，简直要黑得发亮了，呵呵。"

不要太相信别人说的话，越残酷的事，越不会有人告诉你。

想想也是，人生已经很艰难了，有些事情何必当面拆穿呢？

人生的挫折
不是我们的仇敌

失去不一定是忧伤,反而会成为一种美丽;
　　失去不一定是损失,反倒是一种奉献。
　　只要我们抱着积极乐观的心态,
　　　　失去也会变得可爱。

收起你给别人看的伤口，
能治愈你的只有你自己

[1]

年前参加了一场高中同学聚会。

开始的时候一切正常，无外乎就是男人聚集一起聊女人、工作、股票；女人扎堆成群聊男人、家庭、化妆品。男人一本正经地吹吹牛，女人偶尔假装不经意地炫耀几手，明明是很具有代表性的同学聚会场景，可后来却被一个女同学弄得画风突变。

该女同学结婚数年，丈夫事业小成，无任何经济压力，且早已预见性地完成了二胎大计。聚会开始的时候她眉眼间尽是自豪之色，可聊着聊着语气与内容慢慢就发生了变化，她开始向周围人述说自己的委屈，且都是婚后家长里短、鸡毛蒜皮的小事。

婆婆随意插手他们的小家庭生活；丈夫不明缘由地与婆婆始终处于统一战线；小姑子大学毕业，婆婆建议由他们出资找关系为小姑子找工作……

开始的时候，大家都是竭力安慰，女生们还会附和着痛诉几句，这更是激发了她一吐为快的决心，可慢慢地大家的安慰越来越牵强与敷衍，到了最后干脆不约而同地保持了沉默。

突然的寂静，让正在喋喋不休的女同学一下子陷入了尴尬。

这时候，一位初为人母、久未发言的女生突然发声，你们知道吗？前段时间我差点跳楼了。

听到这样一句既惊悚又极具跳跃性的话语，现场的气氛终于又活跃了起来。

然后她给我们讲了这样一个故事。

[2]

生完孩子后她患上了严重的产后抑郁症。

严重到什么程度呢？不但完全没有初为人母的欣喜与感动，而且连自己的孩子都不想看见，甚至内心都存有一种隐隐的排斥感。开始的时候，一大家子人忙前忙后，老公更是变着法儿地哄她开心，不见好转后她老公又把她妈也接了过来照顾她，可她仍是没有丝毫起色，大部分时候对任何事情都表现得非常淡漠，提不起任何情绪，偶尔又会陷入非常神经质般的歇斯底里。

首先埋怨的便是她老公，有次在她情绪低落的时候，语气十分平静地对她说，我打听过，所以理解你的感受，但到了你这里，也显得太过了吧。

不要太矫情这几个字几乎写在了脸上。

接着便是来照顾她的母亲也烦了，说以前我生你的时候也产后抑郁，可哪像你这样没完没了啊。

语气中尽是不可置信。

两位至亲的人态度尚且如此，这使得她的情绪更加低落。有一次在和丈夫发生点口角后，外因与内因的双重刺激下，她几乎要崩溃了，恍恍惚惚走下床就往阳台那边走，所幸被反应过来的丈夫一把抱住，才没有沦为一场悲剧。

她对自身行为也感到一阵后怕，后来她便在心态较好的时候主动翻阅资料，又自己联系一家医院，最后经医生判定为重度产后抑郁症，既因为遗传性，也源于自身经历以及周围环境的影响。

一家人这才明白事情的严重性，后来经过长达两个多月的治疗与自我调整，慢慢地便好了起来。

她说，我知道他们并没有错，角色对换后自己也不敢说做得比他们更好，但这也正是问题的根源所在。面对己身之外的状况，我们要么通过从外界获取信息来衡量，要么以自身类似的经历与经验去评判。殊不知事情大都是如人饮水，冷暖自知。

最后她端起果汁抿了一口悠悠道。

其实呐，世界上从来就没有感同身受这回事。

[2]

是的，世界上从来就没有感同身受这回事。

人都生而渴望被理解，向往被关怀。可同样，人都生而孤独，人与人之间，身体上可以相互依赖，但人格却始终处于相对独立。无论是血脉相连的父母，还是相濡以沫的恋人，都无法对你因为对外界感知而滋生的情绪变化产生完全相同的直观感受。

去年上半年，我下定决心要拿下建造师证书，在网上买好复习资料，做好学习工作计划。三个月里，利用上了所有能够挤出来的时间，啃下了三本厚厚的书，复习笔记都写了四五本，最后又将历年的真题试卷反复练习了几遍。本来信心满满，可在考试的前几天，我却因为某个突发状况错过了考试。

我自然是十分失望，同学朋友纷纷劝慰，无外乎就是不要紧、从头再来这样一些无关痛痒的场面话。更有甚者打趣说老天不让你过"二建"，是要你再等两年直接拿下"一建"。

这都是朋友间善意的劝慰之语，可也仅是如此，没有谁会真正切身感受到你内心那种扎心的疼痛。即便和你关系再好，即便他真就同你悲喜与共，那也仅是因为他目睹了你情绪上的变化，在亲情或是友情的催化下滋生出与你类似的情绪。

可情绪只能滋生，却永远无法孪生。

[4]

我们经常会碰到这样的时刻，就是突然觉得自己正经历着世界上最大的痛苦与委屈。此时我们迫不及待地想要将之分享给周围的每一个人，从而获得他们感同身受的认可与同情。

可事实却总不尽如人意，因为最后我们会发现自身再大的痛苦与悲伤，在经过自己的嘴巴与别人的耳朵双重过滤后，仿佛得以无限的弱化，当安慰的话语从别人嘴里说出来的时候，只剩下客套的敷衍与漫不经心，甚至是满含尖酸的嘲讽。

一只外出受伤的猴子，归来的路上每遇到一个人，它都会将伤口扒开给别人看，然后从别人或是惊叹或是同情的话语中获得一种另类的满足与慰藉。

可最后的结果却是，猴子死了。

一个处于强烈自哀的人，很容易便陷入过度渴望获取别人同情的思维困境，可这种同情与怜悯毫无意义，对自身的处境非但没有任何帮助，而且还可能遭到别人暗里的嘲讽与蔑视，从而使自己的处境更加糟糕。

既然如此，那为何不能尝试坦然面对自身的疼痛。不再期许那些无效的同情与安慰，更不再奢求那些本就不可能的感同身受，在绝望的废墟里开出最艳丽的花朵。

[5]

亚当·斯密曾在《道德情操论》一书中说过,强烈地表达那些源于身体某处处境或意向的激情,都是不合宜的。因为同伴们并不具有相同的意向,不能指望他们对这些激情产生同感。

成功的时候,爱你的人会由衷地为你欢呼欣喜,哪怕他们对你成功的领域认知度几乎为零;失败的时候,他们也会坚定地站在你身旁,竭尽全力地给予你帮助,尽管他们无法洞见你所有的忧虑与悲伤。

可这一切,难道不是已经够了吗?

我们总不能对他们要求更多。每个人经历不同,教育程度不同,生长环境不同,应对外界环境变化自然就会做出不同的反应。而纵使这一切都极其相似,可人终究还是独立的个体,谁也没有那个能力将你们的情绪做到频率完全一致。

所以,无论面对什么糟糕的状况,无论处于何种艰难的境地,我们首先应该学会的便是如何去自我救赎,而不是渴求周围人对你糟糕的状况产生强烈共鸣,更不是将时间和精力浪费在那些寻求无效同情与理解的期许之上。

对症方能下药,没有谁能比你更了解自己,能够治愈你的仅是自身对症状的把握,而不是依赖向别人不断展示自己的伤口,或是反复陈述自己的疼痛。

更或者说,此时你只需记住这样一个道理。

世界上从来就不存在感同身受这回事。

淡看人生得失

一切不关外物，一切因心而起。要想在时光的逆旅中快乐行走，重要的是安住身心，不囿于得失，不惮于失败。

于丹做客时下流行的节目《鲁豫有约》时，曾说过这样一段话："人的成长就是，回顾所来径，苍苍横翠微。有时候你突然看见你自己的童年，你看见那么一个不自信的生涩的莽撞的自己，就是傻傻地站在时间的那一端，然后你就会觉得，流光能改变人多少心里的痕迹啊。"

是啊，人生短暂，与浩瀚的历史长河相比，世间一切恩恩怨怨、功名利禄皆为短暂的一瞬，一切都会被流光倾覆，一切也都会随着时间而改变。唯一不变的是我们那颗纯真的心。然而太多人在生命的初期总是活在得失的纠结中，活在成功与失败的煎熬中，殊不知，福兮祸所伏，祸兮福所倚。得意与失意，在人的一生中只是短短的一瞬。行至水穷处，坐看云起时。古今多少事，都付谈笑中。

生于俗世，时刻都在取舍得失中，如果能不囿于得失，不惮于失败，平静地面对一切世事，那么就会领悟失之东隅、收之桑榆的真谛。懂得了舍弃的真意，静观万物，体会与世界一样博大的境界，我们自然会懂得适时地有所舍，而这正是我们获得内心平衡、获得安详的好方法，同时也会使我们冷静主动，变得更智慧、更有力量。

那么，我们如何才能真正做到不为得失所扰，不为失败所烦呢？如何才能让内心不为所动呢？禅宗智慧最具启示性。

慧能禅师见弟子整日打坐，便问道："你为什么终日打坐呢？"

"我参禅啊！"

"参禅与打坐完全不是一回事。"

"可你不是常教导我们要安住容易迷失的心，清静地观察一切，终日坐禅不可躺卧吗？"

禅师说："终日打坐，这不是禅，而是在折磨自己的身体。"弟子迷茫了。

慧能禅师紧接着说道："禅定，不是整个人像木头、石头一样死坐着，而是一种身心极度宁静、清明的状态。离开外界一切物象，是禅；内心安宁不散乱，是定。如果执着人间的物象，内心即散乱；如果离开一切物象的诱惑及困扰，心灵就不会散乱了。我们的心灵本来很清净安定，只因为被外界物象迷惑困扰，如同明镜蒙尘，就活得愚昧迷失了。"

弟子躬身问："那么，怎样去除妄念，不被世间迷惑呢？"

慧能说道："思量人间的善事，心就是天堂；思量人间的邪恶，就化为地狱。心生毒害，人就沦为畜生；心生慈悲，处处就是菩萨；心生智慧，无处不是乐土；心里愚痴，处处都是苦海了。在普通人看来，清明和痴迷是完全对立的，但真正的人却知道它们都是人的意识，没有太大的差别。人世间万物皆是虚幻的，都是一样的。生命的本源也就是生命的终点，结束就是开始。财富、成就、名位和功勋对于生命来说只不过是生命的灰尘与飞烟。心乱只是因为身在尘世，心静只是因为身在禅中，没有中断就没有连续，没有来也就没有去。"

就像慧能禅师所说的，"财富、成就、名位和功勋对于生命来说只不过是生命的灰尘与飞烟"，一切不关外物，一切因心而起。因此，要想在时光的逆旅中快乐行走，重要的是安住身心，不囿于得失，不悼于失败。

失去不一定是忧伤，反而会成为一种美丽；失去不一定是损失，反倒是一种奉献。只要我们抱着积极乐观的心态，失去也会变得可爱。

普希金在一首诗中写道："一切都是暂时的，一切都会消逝，让失去的变为可爱。"有时，失去不一定是忧伤，反而会成为一种美丽；失去不一定是损失，反倒是一种奉献。只要我们抱着积极乐观的心态，失去也会变得可爱。

这个世界上最难以战胜的敌人是自己

遇到挫折，无论怎样怪别人，最终都是徒劳无益的。那么我们也只能是怪自己没有选择好，因为任何时候只怪自己，始终是最明智、正确的生活态度。

小时候，每当我们不小心摔倒后，第一个念头就是找找看是什么东西绊了脚，我们总是怪别人乱放东西，实在找不到什么还可以怪路不平。尽管那样做对于疼痛的减轻并没有直接效果，但能找到一个可以责怪的对象多少算是一种安慰，可以证明自己没有责任。

长大后每当我们遇到挫折时，也总是不自觉找出许多客观原因来开脱自己，实在找不到原因时就说自己的命不好。我们并不认为这样开脱自己其实是一种绝对的幼稚，因为我们总在想方设法地一次又一次欺骗自己。

有一个早几年就下海开公司的朋友近来走了"霉运"，原本蒸蒸日上的业务突然间屡屡失败，公司里多年来一直忠心耿耿跟随他左右的两个业务副总管离开了他，甚至"跳槽"到他竞争对手的公司去了。

在内外交困之中，这个朋友并没有认真、及时反省自己，反而一味地责怪过去的战友背叛了自己，因此沉湎于愤怒和伤心之中，不再相信别人，动不动就发脾气，结果是恶性循环，整个公司上下人心涣散，陷入了更大的困境。

其实公司经营上出现了问题，作为公司老总的他，理所当然首先就不可能推卸自己的失误，即使是别人背叛也首先是他用人不当，如果老是怪东怪西，把所有的过错归咎于他人，那么必将面对更大的危险。所幸的是这位朋友在家人的提醒下终于醒悟过来，开始承认自己过去各方面的失误之处，并客观总结由于自己的固执已经带来的失败和教训。

怨天尤人其实是一种懦弱，更是一种不成熟的表现，不但掩盖了自己不能面对的现实，还留下了将来可能重蹈覆辙的隐患。而不客观地责怪他人还会衍生出新的矛盾。一个真正意义上的强者并不是一个一帆风顺的幸运儿，必然要经历各种痛苦和挑战，而战胜一切困难的人首先必须战胜自己，战胜自己的前提就是反省自身，只怪自己。

只怪自己是一种解脱。因为我们不肯认错无非是顾及自己的面子，不肯承认自己的失败。事实上这个世界上从来就没有常胜将军，所有自我的包袱和面子在勇敢地承认自己的失误之时就已经悄然放下了，他会因此变得轻松。所谓"吃一堑，长一智"，善于总结自己的人就会把失败的教训变成自己的财富。

只怪自己是一种力量。而习惯于责怪他人的人迟早要招致怨恨，一个严于律己的人无疑是高尚的，他会因此有包容整个世界的力量，让所有人钦佩其不凡的风度并乐于交往。

只怪自己是一种境界。其实就算别人真有可以谴责之处，过分地责怪也是于事无补的，生气更不能解决任何问题，而从自身检讨才是一条唯一可行的道路，根本就不存在什么问题。在这个世界上最难以战胜的敌人其实就是自己，如果一个人已经到了只剩下自己这一个对手时，实际上他已经是天下无敌了。

不要让你的青春白来一场

毕业一年后的那次小聚，你躺在沙发上仰望天花板，向我讲述着最近不如意的生活：重复性工作日复一日，像是卡在职业瓶颈，干活没激情。坐不住，恨不得每隔十分钟就要掏出手机刷刷朋友圈。床头堆满了双十一淘来的书籍，大部分到现在连扉页都没翻开过。

我知道，你的青春不曾这般颓唐。那年校运会，伴随一声怒吼，你率先冲过终点线，被同学们亲切地称为"风神"。在校园广播站，大喇叭时常传出你那富有磁性的声音，熟悉的人都知道，播音是你的钟爱。你曾踌躇满志，说赚到第一桶金后要去硅谷创业。

听我说这些，你却摆摆手，落寞地自嘲："青春这东西，心老了还能有吗？"

你的这句话，恐怕喊出了不少同辈的心声。作为刚刚步入社会的年轻人，青春浪漫，往往难敌事故变迁。当理想实现的速度还赶不上时代前行的脚步，当现实中的琐碎和安逸一遍又一遍考验着年轻的心，当社会上对于物质富裕的向往已经成为热潮，这些时候，"不自信"和"未老先衰"最容易在心中生根发芽，而且还会进一步加剧活力和朝气的丧失。

可是，明明刚毕业不久，在别人看来都还捧着一张娃娃脸，正在各方面条件大好的年纪，怎能如此轻易地把自己缴械？那时，我真的很想接下你的话茬："只要精神在，青春还很长。"

精神是有力量的。在物质生活得到极大改善的今天，人们追求更高层次需求的前提已经具备。但也正是因为条件好了，有时我们反而看不清精神的力量，忽略精神的价值。还是古人说得精辟："有精神之谓富，有廉耻之谓贵"，能够在温饱的基础上让精神也富有起来的人，是真正的富有。

所以，不妨深读手头那些厚实的书。早在16世纪，英国哲学家培根就在其笔记中归纳了读书"怡情、博采、长才"之功效。透过文字，我们可以领略前人的思维、情感和意志，看到一生中难以尽收眼底的槛外山光。昨天读书少的你也许会问，人生"荆棘载途，何可扫也"？殊不知，前人早在书中把路铺好，找到它，你便赢了。

不妨再坚持一下那些让你有所寄托的爱好。还记得吗，在晚上能看见星星的学校操场，我们一起跑过几百圈。你曾告诉一开始跑两公里都会气喘吁吁的我，调整好姿势，再坚持一下，争取跑到十公里。我把这个过程当作修炼，久久为功，步速、呼吸、肌肉协调了，竟渐感苦中带甜。爱好，不仅是"遣有涯之生"的良好途径，还能帮助我们梳理浮躁心态，激发潜在灵感，探索灵魂深处。

不要忘了从过往经历中汲取一点珍贵的东西。四年大学生活，在教室、图书馆中，我们收获的不仅是知识与技能，更是独立思考、开拓创新的态度。在集体宿舍里，我们体会的不仅是友谊与温暖，更是奉献包容的道理。在志愿公益的现场，我们传递的不仅是爱心，更是担当责任的品格。这些，是毕业季都不曾带走的精神洗礼。

其实，这些道理讲过之后你都懂得。当大风吹散雾霾，那股不顾一切的精神头和闯劲强势回归后，慵懒空虚和暮气沉沉的状态被一扫而空，你还是一如既往地蓬勃向上、富有朝气。

［受伤了就自己努力
　让伤口慢慢变好］

　　从小学开始我就寄宿了，那个时候我最羡慕的就是走读的同学，因为一到放学的时候，他们就会欢快地收拾书包，和身边的同学有说有笑地到校门口等爸爸妈妈或者是爷爷奶奶来接自己。而我们寄宿的就只能落寞地在教室里磨磨蹭蹭，消耗时间，因为等会儿也不过就是去个食堂，吃完饭回宿舍洗澡，然后回到教室上晚修。

　　虽然星期三和星期四偶尔的加菜值得我们掐着点狂奔去食堂排队，但走读的同学回家想吃什么都可以啊，他们还可以在放学路上买杯奶茶，或者吃吃街边不利于健康但是美味的小吃。我们这点念想对于走读的同学来说不算什么。

　　看书这件事情，是后来我在学校里面找到的唯一能够让我快乐起来的事情。当时我们学校的配备设施还是不错的，可以从幼儿园一直念到高中，学校里面有好几个游泳馆、练琴房，甚至还有一座山。山上还有观星台，很多时候都有情侣偷偷摸摸地上山谈恋爱。而我最在意的，是学校里面有一个大图书馆和无数个不同风格的阅览室，因为我实在无法忍受放学后到晚修开始前这段时间的寂寞，所以我找到了我的发泄出口，就是阅读。

　　一放学我就直奔图书馆，找一本书名感兴趣的书，然后就近找个座位，坐下开始读。我从最简单的带拼音的童话故事读起，后来慢慢看一些世界名著的简写本，就是那种专门把世界名著缩减了，用最简单的话来表达的版本，其

人生的挫折不是我们的仇敌

067

实也就是给小学生看的。我还记得当时看的一本《基督山伯爵》居然配的是无比美型的动漫插图，让我一度以为当时法国人就是如此地"日系"。

后来我的阅读面慢慢地扩大了，我开始读一些爱情小说。虽然是小学，但身边的同学里面已经有人开始"拍拖"了，他们给对方带早餐，下课的时候赶走同桌，和对方坐在一起，或者是两个人有意无意地走在一起。这总会引起身边的人起哄。有的时候老师同时点到了他们两个回答问题，班里就会有一阵小小的沸腾。我一直觉得他们是享受这种看似低调却能引起话题的关注的，这多过喜欢对方这件事。好吧，我承认我阴暗了，我是羡慕嫉妒恨，到现在还是，看到别人秀恩爱，表面上宠辱不惊，心里想的却是"你们等着，等我恋爱了，有你们好看"。

谈恋爱的时候，无论恋人是在实际生活中陪伴着你还是在想象中，你都因为爱，让这个人充斥了你的整个生活。所以我们常常会听到，人在恋爱之后生活就好像失衡了，似乎逻辑都混乱了，因为你让那个人充斥了你生活的边边角角。所以，失恋的你，才会猝不及防。起床后的第一条短信不知道发给谁，睡前的最后一句晚安不知道找谁说，你曾经在房间的这个角落和他打过彻夜的电话，你曾经在沙发上和他一起抱着枕头吃水果，曾经的花园变成现在难堪的情感废墟。再没有比失恋更让人感觉到孤独的了。这种精神上的折磨就像是在你的感情里敲进一根钉子，深深敲进去之后又强行拔出，不流血才怪。所以你开始打电话给朋友，你开始看失恋电影、听伤心情歌，你希望找到认同感，你还在对过去的回忆死死纠缠，为的就是让另一个人填满那个你心里空了的位置，就算不能真正填满，好歹也要暂时顶替。

告诉你一个好办法，我试过，选几本喜欢的书随身带着。书其实就是作者想告诉别人的一些话、作者自己遇到问题时的心境，找到一本好书、一个故事，就像找到了陪伴。作者们会告诉你一些事实，那就是这个世界上，失恋的人不止你一个，每个人都有自己的疗伤期，所以你根本不孤单。还有很多为情所伤的人写下一个个背叛爱情而不得善终的故事，为的也是替同在失恋中的你出一口恶气。

每个人都要经历这个过程，但依赖朋友、依赖家人，不如依赖书。因为你在倾诉的时候，你在痛哭的时候，别人的话只能在表面上止疼，当你自己一个人的时候，你还是无法面对。而看书能让你安静下来，让你反省，让你思考这段感情里的细枝末节，然后你慢慢地就会知道问题出在哪里。这是一个过程，如果你要走出来，就一定要接受这个过程。因为当你真正放下之后，你会明白，对方好与不好，都跟你没有关系了。你还可以豁达地祝福他过得更好。找一本书吧，失恋了也没什么大不了，受伤了就自己努力让伤口慢慢变好。我没有那么厉害，没有治愈你的能量，能治愈你的，只有你自己。

人生随时都有重新开始的可能

[1]

问心无愧是一件多么难的事情。

我会选择性地忘记或者选择性地忽视许多东西，比如我在尝试忘记30岁之前一定要到美国深造的梦想，一遍遍地麻醉自己生活本来就是平常；比如我开始找理由与借口不去读书，用工作的烦琐与压力来作为懒惰的遮羞布；比如我想能够保持运动保持身材不要变成一个越来越邋遢的男人，但事实上却是越来越少地运动。

第一遍忘记的时候我告诉自己只是意外与偶然，选择性忽视的时候我告诉自己这些都不过是一些小事。

自欺欺人而已。问心无愧的反义词不是歉疚，而是自欺欺人。这大概是世界上最可悲的一个骗局，像是悲伤的小丑在没有观众的舞台上试图逗自己开心。你不会因为这个骗局的成功获得任何利益，欺骗自己的代价不过还是伤害自己。

只有我们自己才知道这种滋味是有多难过，是明明已经低下了头却要想办法维系所谓的自尊，是明明已经妥协却要一遍遍告诉自己只能如此，是明明已经失去了却还要假装自己不是那么在乎——自欺欺人的代价往往就是与自己决裂。

夜深忽梦少年事，梦啼妆泪红阑干。

《琵琶行》是白居易的一篇失意之作，而我更愿意把它当成是人生走到一定阶段的况味。当我老了，回首岁月时，会以什么样的心情来面对？

人生并不是一场随随便便的游戏，即使是一盘棋局都要谋篇布局，而在只有一次的人生面前，怎么能够随随便便？我们的每一天都被赋予了诸多的可能性，存在着简单或者艰难的选择，但是不论如何抗拒，我们都必须选择一条路，过好我们的人生。

我们都将肩负起对自己人生的责任，无论意愿如何。成功与失败在世俗层面上难以定义，唯有我们内心知道最想要成为的自己是什么模样。我不怕千万人阻挡，只怕自己投降。

[2]

已经记不清是多少次一个人在异国他乡穿过人声鼎沸的夜。伦敦周五的夜晚，直至午夜也不会停止喧嚣。交通一样的糟糕，出租车在从公司到饭店的路上走走停停，穿过有大大小小酒吧的利物浦大街，抵达唐人街，跟两个老朋友一起吃火锅。

一位朋友已经开始盘算起在这里买房的计划，我跟她有着相似的人生。一毕业就到很大的跨国公司工作，拿着一份还算可以的薪水，有开不完的会议，频繁地出差，从柏林到罗马，从巴黎到伦敦，一个人拖着行李箱就是面对世界全部的武装。

我们的话题从深圳的房价聊到上海的房价，从伦敦的收入水平聊到了伦敦二区的房价。我们重复着对工作是如何的不满意，却在分开之后的第二天继续朝九晚五。

从某种意义上说，我们都实现了曾经的梦想，只是当我们抵达年少时以为的终点时，才发现一切不是想象中的模样。我们确实越来越精于计算了，我们都变成了会关心蔬菜价格的人，不管到了哪里都会谈论着房子，有目的地去结交一些人。在生活之前我们想着办法如何去生存，怎么在社会的土壤里成长扎根。

另外一个朋友依然保持着初见时的锐气，大学毕业之后的两年里重新学习表演，最后如愿以偿地被伦敦皇家艺术学院录取。行为艺术、怪异的电影、实验性质的音乐，都是她的话题领域，说起来两眼放光。她知道一条通往艺术家的道路是多么崎岖，但是依然走得义无反顾。

在艺术的领域里，与众不同是常态，千篇一律就是梦魇。她总算是逃脱了我们日常的琐碎的生活圈，尽可能地跟我们这些世俗的话题绝缘。她让自己的性格变得更加锐利而有锋芒，有着让我们艳羡的追求自由的勇气，梦想好像在这样的人身上会格外闪闪发亮。

我们并不评价哪一种人生才是更为正确的人生，在这个话题上没有所谓的对错可言。两个朋友都是对生活严肃而认真的人，他们都知道想要的生活是什么样子，并且用自己最大的能力去靠近理想的生活，在这个意义上，他们都是胜者。

我们都明白这样的事实：好的人生都是需要下功夫经营的。

[3]

我曾七次鄙视过自己的灵魂：第一次，当它本可进取时，却故作谦卑；第二次，当它在空虚时，用爱欲来填充；第三次，在困难和容易之间，它选择了容易；第四次，它犯了错，却借由别人也会犯错来宽慰自己；第五次，它自由软弱，却把它认为是生命的坚韧；第六次，当它鄙夷一张丑恶的嘴脸时，却不知那正是自己面具中的一副；第七次，它深陷于生活的污泥中，虽不甘心，却又畏首畏尾。

在纪伯伦这首广为人知的诗篇里，我们被触动的原因，大概就是因为太多的时候我们都在欺骗自己，自己限制住了自己。我们都是如此普通的个体，有太多的事情都是生命中不能承受之重。我们宁愿相信一个谎言，也没有勇气面对人生的真相。到最后，只剩一个个辗转反侧的夜。

人生的奇妙之处在于，除了生命的最后时刻，没有人能够画下句号，随时都有重新开始的可能性。但太多的情况下，不是幸运没有眷顾我们，而是连我们自己都不敢去期待美好的事情一定会发生。

用光了所有的力气，花费了所有的认真，鼓起最大的勇气去尝试——才是一个可以拿出去的生活态度。

我有过很多很多的梦想，我希望它们能成为漫天的繁星，照亮人生中的晦暗时刻。也许那些梦想世俗无比，但我依然希望自己能够保持年轻赤子的骄傲——认真而无畏，无论结果，对得起自己——这就是在那些只有自己才知道的孤寂夜晚里，夜空中最亮的星。

你的每一个经历都是人生的重要篇章

我走到一个小广场,没有人,头上也没有星星,只有小说里的大城市才会有星星。一些关了灯的公司、大楼围着我,小广场像一个大舞台,大厦黑玻璃的每一个小窗都像远处观众的头。黑暗的广场中间,有一盏路灯。这一天唱得太少,我的内心有唱歌的需要。黄色灯光下,我拿出我的设备,开始唱。我想象自己面对着几千个人。我疯狂地唱、跳、弹,打开我的心,感受晚上的冷风,感受生活。歌里的每一句话使我克服心里每一件困难的事,我和我的话筒,还有我的吉他,非常幸福。西方人会说,这是大写的幸福、深深的幸福。

幸福真的那么简单吗?我只需要一台简单的设备和我的想象力就能满足我自己?是的!这几年很多人听我这么说会讲:"那你医学不是白学了吗?"十八岁的时候也可以买一支话筒,不浪费六年时间辛苦学习,去一个广场幸福地唱歌。不!幸福有时候就在你出发的原点,但是必须走一段长路才知道。

西班牙有一个神话,伟大诗人博尔赫斯和很多作家都曾经写过。小时候我妈妈跟我讲:

几百年前,西班牙南方住着一个牧羊人,他的家在绿色草地的山冈中。他的木头小屋很简单,羊厩和小屋中间有一口古老的大理石井。

他经常会觉得这不是他的命运,他听他的心说,他的幸福不在这个山冈上。

有一天,他受不了这平凡的生活,去找小镇上的吉卜赛女巫算命。女巫看他的手相,说:"没错!有一个大珍宝在等着你。"牧羊人激动地问:"在哪儿?

在哪儿？"吉卜赛女巫说："如果我跟你说，你找到后，要给我百分之六。"

牧羊人同意了。女巫说："就在埃及，最大的金字塔对面，最大的沙丘上，在一棵棕榈树下，你会找到你的珍宝。"

牧羊人生气了。"那么远？骗子！还要百分之六！"他回家了。

考虑了几个月，突然有一天他出发了，听从他的心声，把他的羊群卖掉，去寻找他的幸福。去埃及的路上遇到很多艰难险阻，差点在地中海中淹死；在亚历山大市被骗了所有的钱；在开罗附近被偷了所有的衣服，只能用树叶遮挡自己；在沙漠中几乎脱水死掉……最后只能喘息着、哭着拖着自己的身体缓慢地走到沙丘上，拼死地继续向上爬。

到沙丘顶峰他抬头，看见金字塔就开始哭。不是因为累，不是因为快死了，而是因为他从来没看过那么美丽和宏伟的风景。他的旁边只有一棵大棕榈树，他在树影下一边歇息，一边迷醉地看着金色的风景。

不久后，还没开始挖他的珍宝，一个土匪从后面开始打可怜的牧羊人。"饶命！饶命！我什么都没有！"

土匪听后，打得更厉害了："那你在这里干吗？这是我的地盘！"

牧羊人太绝望了，一边哭一边挡着自己，说："我来自远方，一个吉卜赛女巫说在埃及，最大的金字塔对面，最大的沙丘上，就是在这棵树下，有一个大珍宝！"

土匪开始大笑，不再打了。"你太傻了！你真傻！你怎么会相信？你可以挖！你什么都不会找到。"他继续笑，"就像有一次，法老的男巫跟我说在西班牙南方，绿色草地的山冈上，有一个木头小屋和羊厩。羊厩和小屋中间的古老大理石井旁有一个大珍宝等着我。你觉得我会那么傻去找吗？"

土匪很怜悯牧羊人，给了他一枚硬币，说："拿这个钱回家。别再傻了！"

他又看了一眼美丽的金字塔，回家了。

回到家后，他真的按照土匪说的，竟然在他自己家的井旁找到了一万元罗马金币，然后他诚心诚意地去找吉卜赛女巫，把百分之六的金币给了她。

牧羊人跟女巫说："当时你知不知道珍宝在井旁？"

"知道！"她说。牧羊人生气了："那你为什么不直接告诉我？我会免受很多困难！"

女巫说："如果我那么说，你一辈子都不会见到金字塔。"她看着他的眼睛，说："告诉我，它们是不是很美？"

当时我妈妈问我："这个故事教给你什么？"我说："女巫提成太高了，不要跟她们合作！而且一个埃及的土匪怎么会跟西班牙的牧羊人沟通？"我妈妈笑了，说我还需要很多年才能理解这个故事。

我十八岁时有弹吉他的机会，那个机会一直在那儿，没学医就没办法发现幸福在身边，没办法知道这个简单的东西会让我幸福。最重要的是，如果没学医，我就看不到美丽的金字塔。

面对挫折，你不用那么深仇大恨

塞翁失马，焉知非福？碰到挫折，不要畏惧、厌恶，从某方面说，挫折对我们来说是一件历练意志的好事。唯有挫折与困境，才能使一个人变得坚强，变得无敌。

挫折不是我们的仇敌，它实际上却是我们的恩人。

挫折可以锻炼我们"克服困难"的种种能力。森林中的大树，不同暴风骤雨搏击过千百回，树干就不会长得十分结实。人不遭遇种种挫折，其人格、本领就不会走向成熟。一切的磨难、忧苦与悲哀，都足以帮助我们成长、锻炼我们。

哲学家斯巴昆说："有许多人一生之伟大，来自他们所经历的大困难。"精良的斧头、锋利的斧刃是从炉火的锤炼与磨削中得来的。很多人虽然具备"大有作为"之才质，但由于一生中没有同"挫折"搏斗的机会，没有充分的"困难"磨炼，没有足以刺激起其内在的潜伏能力，而终生埋没无闻。

曾有一位著名的科学家说：当他遭遇到一个似乎不可超越的难题时，就知道自己快要有新的发现了。

初出茅庐的作家，把书稿送入出版社，往往要遭受"退稿"的痛苦经历，但却因此造就了许多著名的作家。

挫折足以燃起一个人的热情，唤醒一个人的潜力，而使他达到成功。有本领、有骨气的人，能将"失望"变为"动力"，像蚌壳那样，将烦恼的沙砾化成珍珠。

鹫鸟一旦毛羽生成，母鸟就会将它们逐出巢外，让它们做空中飞翔的练习。那种经验，使它们能于日后成为禽鸟中的君主和觅食的能手。

凡是环境不顺利，到处被摒弃、被排斥的人，往往日后会有出息；而那些从小就环境顺利的人，却常常"苗而不秀，秀而不宝！"上帝往往在给予人一份困难时，同时也增添给人一份智力！

塞万提斯写《唐·吉诃德》是在他困处马瑞德狱中的时候。那时他贫困不堪，甚至无钱买纸，在将完稿时，他把皮革当作纸张。有人劝一位西班牙成功人士去接济他，那位成功人士回答说："上天不允许我去接济他的生活，因为唯有他的贫困，才能使得世界丰富！"

监狱往往能唤起不屈的人心中已经熄灭的火焰。《鲁宾逊漂流记》是作者丹尼尔·笛福在狱中写成的，《天路历程》也是作者约翰·班扬在狱中写成的。拉莱在他13年的幽囚生活中，写成了他的《世界历史》。大诗人但丁被判死刑，而过着流亡的生活达20年，他的作品就是在这段时期中完成的。

有史以来，被"压迫"，被驱赶，简直是犹太人注定的命运。然而犹太人却创作过许多最可贵的诗歌、最巧妙的谚语、最华美的音乐。犹太人很富有，许多国家的经济命脉几乎都是掌握在犹太人手中。

对于他们，"困苦如春日的早晨，虽带霜寒，但已有暖意；天气寒冷，足以杀掉土中的害虫，但仍能容许植物的生长！"

席勒为病魔缠扰15年，而他最有价值的书，也就是在这个时期写成的。弥尔顿在双目失明、贫病交迫的时候，写下了他著名的作品《失乐园》《复乐园》和《力士参孙》。

大无畏的人，愈为环境所迫，愈加奋进，不战栗，不逡巡，胸膛直挺，意志坚定，敢于对付任何困难，轻视任何厄运，嘲笑任何挫折；因为忧患、困苦不损他毫厘，反而加强他的意志与力量，使他成为了不起的人物。这真是世间最可敬佩的一种人物了。

被人誉为"乐圣"的德国作曲家贝多芬一生遭遇数不清的磨难，贫困，失恋，甚至耳聋，几乎毁掉了他的事业。但是，贝多芬并未一蹶不振，而是向"命运"挑战！贝多芬在两耳失聪、生活最悲惨的时候，写出了他最伟大的乐曲。

正如贝多芬给一位公爵的信中所说："公爵，你之所以成为公爵，只是由于偶然的出身，而我成为贝多芬，则是靠我自己。"

漫漫人生中，苦难并不可怕，你也无须为挫折忧伤。只要心中的信念还在燃烧，你的人生旅途就不会中断。所以你要微笑着面对生活，不要抱怨生活中的曲折与磨难。学会笑对生活，让生活照亮自己的人生。永远不要对生活皱眉难过，好好年轻一把，增加经验，丰富阅历。只有在经历过真正的年轻之后，转而投向专注的世界。只有专注才会感到踏实、灵魂才能安宁，只有专注，心智才能走向成熟。当你走过世间的繁华，阅尽世事，你就会幡然醒悟：生活并不需要太多的处心积虑，也不需要忍受过多的痛苦，自古万事难得圆，好也随缘，赖也随缘，再苦也要笑一笑！

学会珍惜，方能幸福

帮儿子整理玩具时，偶尔会把一些特别破旧的玩具悄悄"藏匿"，等过几日，见儿子真的忘记，不再提起时，才把这些放进"回收站"里的玩具，彻底"删除"，丢进垃圾桶。

可是有一次，一辆车头和车厢分离，油漆斑驳的蓝色运输车模被我藏匿后，却让儿子"魂牵梦绕"。小小的他一遍遍地在一堆玩具车中翻找，还皱着眉头自言自语："我的运输车哪去了？"

见状，于心不忍，便试探地问："那辆车的车头不是都掉了吗？还能玩吗？"

"能啊，我就是喜欢它，我想玩！"儿子噘着小嘴，倔强地回答。

当我变魔术似的把这辆首尾分家的玩具车"找"出来的时候，儿子开心地笑了，小脸上像盛开了十个太阳。

自此，对于这辆失而复得的玩具车，儿子更是分外珍惜。总是用不大的小手，费劲地握着车头与车厢的连接处，在地上"呜呜呜"地推来推去。

儿子的这份珍惜之情感动了我。一个午后，我同爱人一起，寻了一家修车铺，请修车师傅用电钻给玩具车模钻了一个孔，再买只螺丝将车头和车厢永久地连在了一起。直到现在，这辆再怎么摔、碰都不会再坏的玩具车，仍是儿子的最爱，每天都陪儿子度过玩耍的时光。

好友华十多年前，在北京秀水买过一件淡绿色、带镂空碎花的棉质连衣裙。它并不华贵，棉质的气息却特别契合华知性、优雅的气质。这件让她爱不释手的连衣裙，陪她度过了两个美好的夏天。直到第三年，她穿着这件已掉了色、显得很旧的连衣裙出现在我的面前，我力劝她不要再穿了，这件连衣裙才光荣退役。多年后，我去她家，这件连衣裙依然整齐地挂在她的衣柜。华说，不知怎的，就是舍不得扔掉，即使不穿，也要珍藏着。

今年年初，在北京工作的小妹打回电话，说她在网上发现了一款化妆品，说我一定会喜欢，而且已经帮我拍了下来，在邮寄的路上。对于这么未经预设，让妹妹如此自信的化妆品，我倒多了几分好奇。

几天后，当收到邮件，打开邮包的刹那，我便知道，妹妹的自信得了满分。

这是一款看上去很简单的玻璃瓶包装。而让我分外惊喜的，是它那扑面而来，熟悉的紫罗兰的味道。

小时候，爷爷奶奶开小卖店，简陋的木质柜台上，有一只白色瓷瓶，里面装着的，就是散发着这种味道的"紫罗兰雪花膏"。那时，常常有村里或邻村的姑娘来买。看着奶奶一勺一勺，小心而细致地把那种白色膏状物质，装进顾客带来的小瓶子里时，我便静静地坐在一旁，贪婪地吮吸着它所散发出来的、世上最美的香气。

如今，这种香气，隔着厚厚的岁月来到我面前，唤醒我的嗅觉。让我突然找到，记忆中那朵最美的花香。

东晋诗人陶渊明，眷恋其田园故居，曾有《还旧居》，诗曰："步步寻往迹，有处特依依。"其实，每个人的人生中，又何尝没有依依处？那些破损的物件，穿旧的衣服，经历的过往，往往能牵动一个人善感的心灵，隔着岁月的纹理去缅怀。那么，就珍惜当下吧，珍惜每一分秒，每一人、事，每处风景。或许，它们就是你日后，无限眷恋和怀念的过往。

你不能贪心得什么都想要

当今社会，物质生活越来越丰富，逐渐趋于无限化，而人的生命却是有限的，要想用这有限的生命，去感受无限丰富多彩的花花世界，去感受生命在每一个可能中所迸发出的各种精彩，那是不可能的，选择时要懂得取舍。

[1]

上本科时，我有个习惯，凡是学过的科目、知识点不管重要与否，考与不考，临考前都喜欢一字不漏地复习一遍，甚至连标点符号也从不漏掉。当然，如果能够在有限的时间内掌握所有的知识，那将是非常完美的事情。但对某些以及格为通过标准的考试来说，如大学英语四级考试，如果复习备考时要求从单词到语法再到各种题型全部都要理解掌握，没有区分对待，不分主次重点的话，那将是一项很大的工程，不仅费神，而且得不偿失。

但那时刚刚上大学的我，就是这样备考的。在经历了两次痛苦的"复习——考试——失败"循环后，我认识了一个学霸师姐，并有幸得到了她的点拨。

在查看了我做过的英语四级考试试卷后，师姐帮我分析说："你之前之所以没有通过考试是因为你复习太过于细致，没有突出重点。""大学英语四级考试其实只要达到60%的考试成绩分就可以通过的，而听力与阅读理解占了

70%分数，如果这两部分能够拿到80%的分数，那么整体分数就会拿到56%的分数，而剩下的题型英语写作与完形填空很容易就能拿到4%的分数，从而可以通过四级考试了。"

听了她的话，我顿时茅塞顿开，自己之前的复习看似认真刻苦，但是"眉毛、胡子一把抓"，没有重点，没有取舍，最终导致越学知识点越多，越学越厌学，英语四级考试成绩不理想也就成了顺理成章的事。后来，我遵循那位学霸师姐指导我的复习观点，不但在随后的英语四级考试中没太费劲复习就顺利通过了考试，而且还仅用了1个多月的复习时间又顺利通过了大学英语六级考试以及研究生入学考试。

[2]

同学小Q是个非常有主见的人，喜欢追求新鲜的事物，爱好挑战自己，曾经利用一个周末的时间一个人一声不响地跑去澳门塔蹦极，等到周一再次见面时大家才知道此事，而她则笑笑说是周五晚上临时决定的，所以才没有告诉大家。总之，一句话，这是个心很野的丫头。

虽然小Q喜欢冒险，为人大胆好玩，但她同时也是个不折不扣的学霸，上学期间年年能获得年级奖学金，并且还多才多艺，每次学校组织个什么晚会之类的活动，她都是主角。因此，在小Q顺利研究生毕业后也获得了留校的机会，但出乎所有人意料的是，小Q选择了回到她家乡的小县城去经营父母的面店。

为此，大家都困惑不解，但小Q却非常坦然且坚定的告诉我们，她的父母年纪大了，需要人照顾，所以她必须回到家乡，回到父母的身边。

"那你岂不是没有更多的机会去看外面的大千世界了吗？你不后悔

吗？"有人这样问她。

"选择回到家乡，照顾父母，经营面店，这是我的选择，只要是经过自己的选择而走的路就不会后悔。我不后悔自己的选择，因为跟家人在一起，一起享受美好的生活才是属于我的幸福！"小Q微笑以对。

诚然，我们在成长的路上会遇到这样或那样、大大小小的选择，各种各样的岔路口，而人生却是短暂的，不可能让我们有机会把所有的岔路都走一遍，所有的精彩都经历一遍，人生是要有选择的。但只要我们懂得什么才是对自己最重要的，懂得取舍，我们就可以勇敢地去做选择，并对自己的选择无怨无悔，最终去收获属于且适合自己的那一份精彩。

允许你的人生存在一些遗憾

她想买双鞋。要高跟，以弥补不够修长的小腿；还要舒适，得撑住一整天的上蹿下跳；当然，好看也是必需的。

转了七八家商场，试了上百双，没一双达标的。舒适又高跟的，都蠢笨；漂亮又舒适的，跟不够高；高跟又漂亮的，走三步就跟跑。

正心灰意懒，忽然看到一双，漂亮的驼色，带防水台，七厘米的跟，但轻巧平缓，穿上后如履平地。

她生平第一次为一双鞋心跳加速，迫不及待地喊来店员，一问价，傻了，6688元，特吉利的数，但完全超出她的承受范围。

默默放下那鞋，她心猿意马地回到家，一边做活动策划方案一边想着那鞋。真是贵啊，她想，但也真心喜欢啊。

做完策划，她发给客户。对方很快回复：正合我心。

她笑。想到那个男人在百忙中第一时间打开了这份并不紧急的策划，心里泛起缥缈的暖意。

这是他们第三次合作了。前两次都皆大欢喜，他拿到她的第一份策划时，就递给身边的助理，说，你看，这才叫策划。

那是她第一次去他办公室，不大的一间，安适雅致，养着高高矮矮的绿植，墙上有几幅好看的静物油画，是他自己画的。他们讨论了即将举行的活动，也聊了对行业前景的设想，还谈了艺术。

聊得很high。他讲话井井有条，有超乎年龄的沉稳睿智。她有一瞬间觉得好笑，那张像大学生一样年轻的脸，与隐藏在底下的睿智实在不符。

临走，她指着走廊墙上的领导合影打趣说，你的照片和谈吐对不上。

他笑：我恨我这张脸，有时候真想画几条鱼尾纹上去。

她回去后就加了他微信。翻看他的朋友圈，愈发觉得这男人的心性品位十分不俗。而第二天一早，她看到他在她半年前发的一条朋友圈消息上点了赞。

也许有些东西的确是相互的。比如欣赏、认同、关注以及爱慕。

后来在活动上，她远远看着他，像一只猫看着鱼缸里摇曳生姿的金鱼。他也频频看向她，远远地向她微笑致意。

心就是从那时起收不住的吧。一扇门呼啦啦地打开了，大团的心事从里面飞出来，柔软、梦幻。

很快有了第二次合作，她第二次去他办公室。敲门进去，他看见她，眼神倏忽一亮，嘴角旋即抿出笑意，说："是你呀。"她看着他，打心眼里觉得跟这个人很亲近很亲近。她遇到过那么多男人，却是头一次生出这样的感觉。

那天回去，她接到通知，赴日留学的签证下来了。她一时间有些无措。准备了那么久，也盼了那么久，真拿到了，却有淡淡的失落在心里回旋，所到之处都是他的影子。她打开微信，点开他的头像，好几次想说点什么，终于还是放弃了。

在看到那双6688元的鞋的第二天，她又见到他。一大桌子人一起吃饭，他的目光不时飘过来。一碰上她的，又赶紧飘走。

饭后，他送她回家。她在坐上他车子的瞬间，有强烈的冲动想说点什么。正待开口，却忽然看到后座上有些大照片，幽暗的光线里，隐约可见是个风姿绰约的女子。他状似漫不经心地说，是我的婚纱照，下个月我要结婚了。

她诧然，停了一会儿才轻声道："噢"。

他微微点头，也很轻地说了声："嗯。"像在回答她的一个疑问，也像告诉她一个决定。

所有的可能性，就在这样一个"噢"一个"嗯"里，终止了。

那天深夜，他在朋友圈转了篇题目是"人生总有些惊心动魄的遗憾"的文章，并附言，狠下心，假装没看到那完美。她转了那文章。他在凌晨一点给她点了赞。

第二天下班，她又去看了那双鞋。店员小姐一再地劝："真是特别精致的鞋呢，真是特别适合你呢。"她说我知道，可是，也真是太贵了。

倒也不是拿不出6688块，只是，生活还有别的花销，把这么一大笔钱砸在一双鞋上，实在不算理智。

走出那家店，她想起他的话。是的，有些时候，你不得不狠下心拒绝，不管多清楚它的完美，不管多么想得到。

因为生活不只需要一双鞋。

生活也不只需要一场爱情。

现实使人理智，理智使人懦弱。她不敢把多年的辛苦坚持清零，奋勇离开之前预设的轨道，孤注一掷到一段未知的完美上。

想来他也不敢。

也知道万水千山寻找的艰难和金风玉露相逢的可贵。但她不是土豪，她的人生也不够豪，承担不起这双太昂贵的鞋，和这场太昂贵的爱。今天固然可以任性疯狂，但口袋空空的明天，谁为你买单？

人生有太多的身不由己。太多时候，面对正合心意的美好，你貌似有选择权，却只能狠下心，放下它。能做的，也唯有默默记下，那惊心动魄的遗憾。

每个人都是独一无二的个体

[1]

朋友小红是一个比较内向的人,她跟我说了一件事,我觉得可以拿出来探讨探讨。

前些日子,她和所在工作单位的同事一起出去游玩,分两批次。

小红是第一批,她妈妈朋友的女儿(也是小红的朋友)在第二批。

在第二批游玩过程中,小红妈妈就给小红发了一个视频。

视频里显示小红的朋友在大巴车上自我介绍给大家献唱、在晚上吃烤全羊的时候唱歌跳舞的小视频。

偏偏小红是个较为内向的人,也不喜欢在公众场合展现自己。

小红跟我说,她妈妈经常这样做,把一些别人家孩子优秀事迹拿出来做谈资。

而发视频这件事,其言下之意:说得好听是希望女儿能够像那个朋友一样活跃一些,说得不好听是"你看看人家的孩子才艺这么好,你呢?多学学人家吧!"

在那一瞬间,小红心里很不舒服。

倒不是吃朋友的醋,只是觉得有的东西是不能对比的,比如人的性格,每个人擅长的方面各有不同,人的成长经历也不同。

可她妈妈却总喜欢拿他人的优点来和小红做对比。

她知道家人没有不好的用意，但脑子里最先窜出来的感情还是烦躁。

不知道你会不会跟小红有过类似的经历，被家人或身边的人拿来与别人做对比？

[2]

这让我想起自己的以前。

小时候我的考试成绩很差，和平时一起玩耍的小朋友们相比，他们的成绩多数是比我好的。

更要命的是，他们的爸妈是我爸妈的好朋友，几家人关系都挺好。

有时候，我总是担心爸妈会拿别人家的孩子去数落我。

有一个小朋友总是心情不好，他经常受他爸妈念叨说"别人家的孩子考试如何如何好，看看你自己考得怎样"。

在这样的"鞭策"下，那小朋友也不敢说什么，只是觉得要在下次考试前继续努力。

但每次考完试，不管他考得好还是坏，脸上经常呈现着郁郁寡欢的画面感。

庆幸的是，我还好，爸妈没有时常在我面前念叨谁谁谁如何如何厉害。

我考得太差，他们自然会责骂我，但只要不是考得太离谱，他们也没有怪罪我什么，也几乎很少拿我身边的小朋友来刺激我、打击我。

因此，很感谢自己的父母能够如此通情达理，虽然有时候他们看到其他小朋友会跟我说"你看看人家多棒"，我知道那也许只是口头说说。

我也从来没当真，知道自己应该也不赖，有那么点自信在用自恋去阻挡那些对比性的暗示，对此就不会在意了，自然也不会挂在心上。

[3]

虽然小红说自己从以前到现在经常会时不时就被妈妈刺激一下，但依旧没有免疫能力，因为每次对比都会让她的情绪有些失控。

没有对比，就没有伤害。

对此，她也只是想一个人静静，尽管经常受刺激，可是每次当她妈妈抛过来一堆"优秀理论"的时候，心并没有麻木，还是会有知觉，所以感到有些痛苦。

念叨她的可是至亲的家人啊，谁不在乎？

后来，她学会心里暗示，暗示妈妈是出于好意，是想让自己通过对比能够学习别人的优点，其实事实也是如此。一番自我安慰后，她才能够再平静地回应妈妈的信息。

悄然无息杜绝了一场硝烟。

不知道你的家人是不是也会对你如此？

[4]

比较是一个大坑，它会严重束缚一个人的成长，自己在各种眼光和莫须有的审判中开始逐渐压抑。

于是会出现两种极端。

一种是渐渐不敢随意暴露自己，怕他人的猜忌，担忧那些不平等的比较级。

而另一种，是会出现所谓的叛逆，大部分叛逆的小孩都是为了逃脱家人给他们强加的期待和无意间的束缚。

别人家的孩子总是那么优秀，那么出彩，以至于自己的父母总是会对自己的小孩恨铁不成钢。

久而久之，小孩的心理自然心生逆反，何况那么多年来你都是活在家人拿别人跟你比较的生活压力下，在成长路上跌跌跄跄，步履蹒跚。

虽然有时候提出的对比是暗示性的，但这类行为不管是否为有意或者无意，多多少少都有些打击人的积极性，刺激人的抵触心。

小孩也是人，大人也是人，有句俗话："人比人，比死人。"

每个人都有自身与别人不同的优势或者特点，但总存在一些人，不管他们是长者，还是年轻人，有时候都喜欢拿自己和别人对比。

比如，这人比你优秀，那人比你有才，他比你好看，他比你有钱……

有些人在对比面前，在这样无形的压力和扭曲的价值观下，继而开始在乎起别人的看法和想法，徒生嫉妒。

甚至活在了别人的世界与阴影下，愈发不得志。

即使他们在某一项比较的成就上超越了对方，心智也不一定能得到健康的发展。

与人比较优缺长短，在我看来，本来就不健康，甚至是一种伤人的毒药。

[5]

我们每个人生来就是不俗的，在那个艰难的岁月里，以一挑亿，跑赢了其他所有的精子，经过数月的锤炼，获得新生，来到了这个世界。

也就只有这一点，大家都是相同的。而来到这个世界之后，每个人都开始走在各自不同的道路上。

而后，人与人之间会开始出现相互比较。

其实，这一路上，我们要学会欣赏别人的风景，也要清楚别人的风景再好，也是别人的。

那么，就做好自己呗。

咱们取长补短，就跟过去的自己比就好啦。

反思过去，专注当下，放眼未来嘛。

每个人都是独一无二的个体，那份任何人都比不了的与众不同，其魅力本来就一直在。

那么，你还要和别人比什么？

生活一定会因为你的坚持而变得美好一点

[第一次]

幼儿园时我一只手的拇指得了灰指甲，需要每天都在装满药水的瓶子里浸上一会才能治愈。晚饭后，爸爸就会坐在小椅子上，我则和他面对面坐在更小的木凳上，依偎在他的怀里听他讲故事，也就能安静地把拇指伸进药瓶中了。

爸爸总是张开双臂把我满满地揽在怀里，一边讲故事一边轻轻摇晃着身体。我不记得更小的时候睡摇篮是什么滋味，但长大后爸爸轻摇着的怀抱，就是我记忆里的摇篮了。

爸爸是女孩生命中最爱她的那个男人，被父爱深深呵护过的女孩长大后，也往往会表现得更加自信和宽容。爸爸的拥抱，温柔得让我不能不在没有他陪伴的岁月里好好珍爱自己，不然，他一定会难过。

[第二次]

年轻时爱情总是惊心动魄，失恋更是山崩地裂。某一年夏天我被爱情所伤，带着一道原以为再也好不了的伤独自去旅行。那时候山峡还是最原始的模样，游轮上全是陌生人，反而让我感到安全。

"两岸猿声啼不住，轻舟已过万重山"，小时候背过无数遍的唐诗宋词，只有当你站在傍晚的船头，让江面上的风掠过双肩，才能感触到自然的博大神奇。忽然想流泪，为了之前如此浅薄的伤愁。

一个大男孩走过来揽过我的肩膀，他是同船的台湾游客，他说："让我抱抱你。"我犹豫了一下，并没有拒绝。他把我抱在怀里，我看到他性感的喉结微微抖动，身上有好闻的肥皂香。"不论发生了什么，都会好起来的。"他说。那一刻，我觉得我已经好了。

两个陌生的人，一个陌生的拥抱，然后就没有然后了。却温柔了我好多好多年，让我从此谨记，哪怕走进最黑暗的人生境遇，女人也要拥有一个好看的样子。

[第三次]

我独自旅行遇到暴雨塌方，被堵在大山深处两天两夜，我跑到高处才好不容易找到一格手机信号，给他打电话说自己好害怕，不知道多久才能等到救援。他说："你等着，我就来！"

然后，我的手机就没电了，接下来的时间更难熬，我在川藏线上，他远在北京。第三天凌晨，我在大巴上被冻醒下车走走，道路崎岖至极，景色却又极美，日月同辉在山谷上。

我忽然听到摩托车的声音，回头看去，他正从一辆已经分不出颜色的车上下来，穿着的衣服同样泥泞得分不出颜色。他站在离我十几米的地方，微笑着向我张来双臂，我向他狂奔而去，狠狠地扑进他的怀抱。

都说女人是男人的一根肋骨，而拥抱就是回归本位。多年后，那个拥抱还是温柔得让我能够释怀，缘起缘散后地不说再见。

[第四次]

有一年，我的婚姻转眼就只剩下身后的拖箱。上海女友的先生深夜把我从苏州接到上海，走进她家的时候我还是觉得天都塌了。

女友只是狠狠看着我不说话，我则有气无力地躺在了客厅沙发上。她和先生在厨房忙碌早饭，先生问我："侬要喝豆浆还是牛奶？"还没等我说话，女友还是没好气地回道："给她喝牛奶！看她都瘦成什么样子了！"

等女友拿着牛奶走过来的时候，我却摇摇头不想喝。女友先把杯子放在一边，然后使劲抱起我的上半身，再拿过杯子喂我喝牛奶。我一边喝一边流眼泪，她就这样把我抱在怀里好久，还是不说话。

这是平生唯一一次同性间的拥抱，温柔的胜过万语千言，让我慢慢暖过，又好好活过，此后再也不说要放弃自己。

[第五次]

因为感冒吃药的不良反应我大病了一场，上中学的女儿从没看到我那副虚弱的样子，像是被吓坏了。她说："妈妈在我心里一直无比强大，怎么也会生病呢？"

连着几个晚上她都要和我一起睡，还紧紧抱着我的一只手才能安稳睡着。我看着她熟睡的样子，是像极了自己的。遗传这件事奇妙无比，自己会慢慢老去，又看看另一个小小的自己慢慢长大。

当我终于起床，在清晨的阳台上活动身体觉得好多了的时候，女儿突然扑过来紧紧抱住了我，那一刻我才感觉到她长大了，居然可以把我抱在怀里。

"妈妈，你一定要好好的，不然我怎么办呢？"女儿说。

女儿的拥抱告诉我，成长的路很长，她需要我无比温柔又无比坚强的陪伴。

[第六次]

单身的日子里，与其说等着有人来爱我，不如说我在慢慢习惯一个人的生活。女人在人生的某些阶段，花大量的时间相夫，为他做无底线妥协保持步调一致，还不如用来经营和打理自己，真正开始去过自己想过的生活。

日子简单得只和自己有关，和任何人无关，久而久之连寂寞都成了自己的朋友，一个人度过的时间和两个人度过一样快乐。他走进我的生活纯属意外，但两个吃货还是碰撞出了火花，相约要一起吃遍这个城市所有的美食。

有一天，他忽然走过来从后面抱住我，又把他的头放在了我的肩膀上。自己的心在瞬间就被温暖融化，这样的一个拥抱，让我感觉到韩剧中类似的片段一点都不是在煽情。

有的人对你好，是因为你对他好；有的人对你好，是因为懂得你的好。这样的拥抱再次温柔到我的心，没有地老，没有天荒，只是这一刻想和你在一起，同样美好又仅此而已。

我被拥抱温柔过六次，在这样的拥抱里，让我感觉到我一直被这个世界温柔相待，即便心情沮丧，也不会失去快乐的信仰。我也努力让自己慢慢温柔，传递善意的关怀与温暖，我相信生活一定会因为我坚持的事情，又变得更美好了一点。

无论遇到什么事都不要把心给摔碎

有个很沉重的话题。生命并非总是一路平坦，没有任何快乐和幸福会永远持续下去。生命的过程总是光明和黑暗交织，身处谷底，总会有攀上巅峰的机会，身处阳光也有邂逅暴风雨的可能。挫折是人生旅途必经的一站，任何人都必须面对。

碰到挫折，伤心痛苦是无法避免的。然而，不同人的选择又会造就不同的命运。有的人碰见挫折、悲痛的事情，只给自己短暂舔舐伤口的时间就继续生活；而有的人则一蹶不振，沉浸在痛苦的深渊里。前者容易得到救赎，而后者的痛苦是无法得到解脱的。

玛丽·路易斯和朱蒂·安洁娜是重量级的密友。两人的体重都高达81千克以上。因为身材的缘故，两人成了要好的朋友。某一天，这对要好的朋友走出校园，开始踏上求职的征途。很快，两个人就因为体重原因遭到了拒绝。起初，两个人互相安慰，互相鼓励，"不要担心，不要沮丧，我们总会遇到不注重外表而看重内涵的雇主"。

可随着被无情拒绝的次数增多，两人都对求职失去了信心。终于，两人不再满世界地求职而是待在租来的公寓里什么都不干，整天吃着零食抚慰自己受伤的心。日复一日，她们的体重也一度往上飙升。

直到有一天，玛丽觉得不能再这样下去了。她对朱蒂说："我们不如一起减肥吧。"朱蒂觉得玛丽的提议很棒，有人一起减肥也许会成功也不一定。

于是，两人开始踏上结伴减肥的道路。不过，这条路并没有走很久。两人很快就受不了零食的诱惑，再加上坚持不了长跑而宣告减肥失败。

减肥失败后，玛丽突发奇想邀请朱蒂跟自己一起去做点"小生意"。既然没有人愿意聘请她们，那么她们就自己聘请自己。可是，这次朱蒂却拒绝了玛丽的邀请。虽然朱蒂的拒绝让玛丽很失望，但是玛丽实在不想继续窝在家里，所以就选择了一个人去做点事情。她从批发市场里选购了一批T恤，开始了在学校外面摆地摊的生涯。

然而，事情并没有想象中那么容易，学生们愿意在玛丽的"地摊"面前驻足，多半是因为她肥硕的身材挤成一堆非常可笑，大家来看看"笑话"罢了，真正会掏钱买东西的人少之又少。三个月过去了，玛丽勉强把批发来的衣服按照成本价卖出去。可这次摆地摊并没有给她带来财富，反而给了她再一次的失败。

朱蒂对玛丽的失败没有太大的意外。她现在已经接受"自己是个丑陋的胖子就注定是个失败者"的想法。反正，靠着父母留下的房子出租，自己省着点用，日子也能过下去。无论如何，她都不要再去尝试失败，不要再去被人羞辱了，这会让她觉得比死还难受。

可是玛丽却觉得朱蒂的想法很消极，再这样下去永远都走不出人生的低谷。于是，当玛丽想到电视剧、电影里可能会需要她这样的超级胖子的角色时，她积极鼓励朱蒂跟自己一起去尝试报名。可是，朱蒂却觉得玛丽在说天大的笑话，不但拒绝了玛丽的建议，还冷言冷语让玛丽不要做明星梦。

玛丽没有灰心。她按照自己的想法去参加演员报名。果然，面试那天，面试官看到她的身材时，惊讶地张大口问她："你来干什么？"玛丽镇定地说："先生，我以为连续剧和电影里不能全部都是美女，总是需要像我们这样的大号角色来搞笑和衬托她们的美丽，所以我就来了。"面试官愣了愣，说:"你说得很有道理,不过你的建议,我还要再考虑一下。"就这样,玛丽被请回。

一个星期之后,玛丽接到这位面试官的邀请,请她担任一部电影里出场只有十分钟的小角色。玛丽欣然前往,虽然只有十分钟,可是她却为此付出了极大的努力。她私下认真揣摩角色,学习别人的搞笑技巧,最终把十分钟的角色演得惟妙惟肖,得到了观众和导演的一致认可。从此,玛丽开始踏上别样的星途。

十年之后,玛丽已经是电影界的头号谐星,收入也颇为可观。不仅如此,玛丽还组建了自己的家庭,有了自己的小宝贝。随着年龄的增长,玛丽开始出演各种妈妈角色,被业内人称为"最可爱的肥妈"。而反观朱蒂却还依靠着小房子的出租金,待在更小的公寓里过着不见天日的生活。

其实,无论遇到什么样的困难、挫折和磨难,我想要告诉女士们的是,只要活着就不可怕。因为你还能看到每一天的太阳照常升起,还能拥有每一天的24小时,而在这24小时中,你还能够去为自己和他人"做点什么"。即便会跌倒,会碰了满鼻子灰,甚至会受伤,但每一天都是新的一天,当太阳升起,你照样可以深呼吸一口气,也来一个新的开始。

摔破的膝盖总是容易痊愈,可是破碎的心却很难变得跟原来一样。在此,我要给各位女士诚恳的忠告,无论遭遇什么样的事情都不要把心给摔碎,你可以多尝试几次,甚至学会放弃,时间一旦过去,你还是可以过得很好。

道路曲折，但终会到达

[1]

朋友大伟说他要辞职，因为那天下午，在公司一个项目小组负责人的竞聘中，9个评委，他只得到了一票。大伟不服气，他在公司里干了足足六年，也算是个"老人"了吧。可是，怎么就被初出茅庐的小年轻给比了下去？

更让大伟愤懑的是，他的能力不比别人差，干得不比别人少，业绩说不上拔尖但也绝不是垫底；老板让加班，不管多晚，他从来没有二话；同事请他帮忙，哪怕自己再为难，他也统统应承下来。

结果，他的付出，他的友善，他的任劳任怨，好像大家都没看到。用他的话说，那仅有的一票，就像一个笑话，将他曾经还自我感觉良好的一点职业幸福感全部摧毁了。

"不至于，不至于。"晚上，几个朋友聚在一起，大家都安慰他。

大伟的委屈，职场中的你我可能都会碰到。你熬夜做出的方案，可能被上司贬得一文不值；你真心以待的同事，可能就是在背后给你穿小鞋的那个人；你千小心万小心做完一个项目，眼见就完美了，却出其不意地冒出一个小纰漏；你早出晚归拼了一整年，升职加薪的却是别人……

你已经过了一受委屈就掉眼泪的年纪，但那种别扭仍然会像一根根小刺，虽不至于绊你一跤，但总归会让你心里憋得慌。

可是，这天底下，哪有一种委屈是单为你准备的呢？问问身边的人，谁没有被老板骂过，谁不是一年中想过十次八次要辞职走人呢？

无非是，碰到那些过不去的坎儿，有些人怨声连连，从此放任自己；有些人开始穿上铠甲，不愿再敞开心扉释放善意；有些人变得锱铢必较，一分付出必定要求立马要有一分回报；而还有些人，难过一阵子，就放下了，甚至还越挫越勇，把一时的悲愤化作前行的动力，反而越走越远……

我常常在想，每个人心中都有这样那样的梦想和远方，或清晰或模糊。可是，为什么有些人能够抵达，有些人却迷失在了半路上？这其中，需要实力的夯实，对梦想的坚持，有健康的体魄，可能也有一些运气，可能也取决于你面对那些让你糟心的状况的态度。

委屈，是弱者让自己苦闷和逃避的理由，也是强者勇于自省、查漏补缺的动力。

[2]

那晚一起吃饭的阿建，28岁，从大学毕业到现在，不过5年时间，就从普通文员做到了项目经理。

阿建说，在他还是职场菜鸟的时候，收入不高，连请人吃个盖饭都得盘算着最好不要再加菜了；工作却贼累，没日没夜地干活，最后连女朋友都因为他无暇陪伴跟他拜拜了。就这样，他还常常挨老板骂。

阿建是学日语的，一开始在那家外贸公司做文员，有一些进口产品的英语说明书，老板总拿给他看，让他也提提意见。可能在老板眼里，日语、英语，都是外语，触类旁通也说得过去。可毕竟有许多专业术语很难准确理解，经常是他说的老板不明白，老板想要的他又解释不清。老板一骂，他委屈极了，这明明不是我的专业啊！

后来，他给自己设了三个月期限。大冬天，下完班以后，坐着地铁从城市东头去西头上专业英语辅导班。回到出租房已过零点，屋外滴水成冰，屋里暖气坏了没时间去修，半夜得裹上三个被子才能入睡。坚持了三个月，他再看那些英语说明书，明显顺当了很多。

阿建说，后来想想，那三个月是很辛苦，可又觉得充满希望。每天都有新的收获，并且你清楚地知道，你吃的那些苦，是为了今后不用再这么慌慌张张地活着，是为了让今后受的委屈能少一点。

所以你看，职场上，没有谁比谁过得更轻松如意。那些让我们羡慕的成功者，谁不是打败了一个个委屈，才能前行。

[3]

受了委屈，你以为摆脱这个岗位就会好了，你以为熬过这一段就好了。其实不会，这个活干完了还会有下一个，这个困难过去了，还会有别的困难接踵而来，源源不断。尤其当你逐渐成长成熟，你会承担更大的责任，有更重的压力，更多的委屈。

不是有句话说吗，如果你觉得这次的委屈特别大，或许是因为这次的收获也格外大。

我只是怕，随着年龄的增长，曾经不知天高地厚的心态老了，膨胀的激情被现实挤得干瘪，我们会不会因此失去了对委屈的感知能力？

如果是真的委屈，你已经不愿再去争取自己应有的权利，得过且过；如果是自以为的委屈，怕你丢了锐气，没了想要去完善和改变的渴望。

这样看来，受点委屈或许也并不总是坏事。委屈的存在，不仅仅只是为了拿来打击和考验我们，可能也像一个提醒，让我们不要忘了还可以去努力变成更强更好的人。

当你真的战胜了那些让你觉得委屈的事情，你才能前行。

道路曲折，但终会到达。

我们每个人都有找不着路的时候

[1]

前些天，参加一场新书分享会。读者提问环节，有位女生站起来问作者："我最近对任何事情都丧失了兴趣，生活的方方面面，感觉都热爱不起来，人生空虚又迷茫，应该怎么办？"

作者笑了，扶了扶眼镜，说："你来参加我的新书分享会，不就是一种兴趣吗？不就说明你对生活还葆有热爱吗？年轻人总喜欢说迷茫，以为迷茫是人生路上的绊脚石，不铲除无法往下走。殊不知，谁都有迷茫的时候，就像我，四十岁了，依然有许多问题想不开。和孤独一样，迷茫也是人生的常态，不要对抗迷茫，要学会适应迷茫，和迷茫相处。"

听完这段话，夹在拥挤人群中的我，突然感到一种无来由的轻松，甚至还有淡淡的愉悦。原来，在这世上，你我都一样，一边迷茫，一边成长。

[2]

念大学的时候，认识一位副教授。大四那年，面临考研和找工作的两难选择，如同大多数学生一样，我迷茫、无助，除了浪费余下的光阴，似乎再也找不到出路了。一次去食堂的路上，遇见了微笑走来的他。面对面坐在餐桌旁，和我说起了当年。

他说，研三那年，面临考博和找工作，自己同样有过一段迷茫的时期。当时，他参加了一家杂志社的招聘考试，笔试、面试都很顺利，但薪水微薄，在上海那样的大城市，养活自己都成问题。在兴趣和生计之间，他不得已选择了生计，考了博，博士毕业，顺利在高校任教。通过自己的努力，又从讲师升到了副教授。

他说，那种迷茫的感觉，这些年来，始终未曾消逝。很多次午夜醒来，他都会问自己，如果当初进了杂志社会怎样？是不是生活就会变成另一副样子？无须再写一篇篇令人头疼的论文，无须再绞尽脑汁地备课，只需审阅作者投递的稿件，余下的时间，都可以用来阅读和写作？是不是自己的路一开始就选错了？

问多了，自己渐渐明白，生活从来就没有标准答案，每一种光鲜的生活背后，都有阴霾；每一个世事洞明的人，也会有迷茫相伴。剔除了迷茫的人生，是违背自然规律的。他一面说着，一面忍不住呵呵笑起来。

多年后，我依然会想起那个夜晚，想起他语声轻柔，想起食堂昏黄的灯光，以及外面沉沉的夜路。每一次想起，都会觉得沉重的生活被稀释了，就连周遭的空气，似乎都轻盈起来。

[3]

小海是我的一位读者，两个月前，他发来私信说，烦透了目前的工作，日复一日地机械重复，朝九晚五，下了班不是追剧就是游戏，这样的日子，似乎一下子就看到了尽头。他说他想辞掉工作，去大理住上一段日子，把从前的自己找回来。

像小海这样的人，大概不在少数。身居都市，长期处于快节奏高效率的生活状态下，极容易产生迷茫的感觉。活着活着就不知道为什么而活，脑海中，下意识展开一场金钱与自我的博弈，在物质生活和精神生活之间举步维艰，陷入两难。

这样的迷茫，是生活的常态。其实，每个人都在寻找生活的平衡点，尤其是年轻人。我告诉小海，去大理可以，辞掉工作却大可不必，不如请个年假，出去放松一下。去过了远方，也许才发现最美的就在身旁。

小海采纳了我的建议，请完假，独自一人踏上了去往大理的旅程。那段时间，私信里，经常收到小海发来的照片。古城街头，听流浪歌手的歌声听得入了迷，夕阳下的小海，温柔地眯起了眼睛；蝴蝶泉边，小海头戴美丽的花环，张开双臂，咧开嘴巴，肆无忌惮地笑；洱海岸边，小海静静地望着平静的湖面，身旁一只黄色的猫咪打着瞌睡，那一刻，整个世界似乎都安静了。

假期结束，小海回到了原来的城市，重新投入之前的工作。他平静地告诉我，其实，去了大理，一样会有迷茫，尤其是在万籁俱寂的午夜，一个人身处异乡，会有一种人生忽如寄的感觉。清醒有时，迷茫有时，这或许就是人生吧。

[4]

谁的人生不迷茫？迷茫是人生的常态。很多时候，你之所以陷入迷茫的情绪里无法自拔，或许是因为，你把迷茫看得太重了，你夸大了迷茫的分量。

在我们长长的一生里，迷茫实在是无足轻重的一部分。每个人多多少少都会遇到自己的迷茫期，每个人都有找不到路的时候。此时此刻，别怕，停下来，闭眼小憩，然后继续往前走，你的视线或许会更清晰。

请相信，迷茫从来不是人生的底色。它只是你头顶的一片乌云，乌云会聚拢，也会消散，只消走过去，你就能看到晴空万里。

[每个人的生活都是未知的，可都是值得期待的]

　　那是7月的最后一天，坐着车颠簸在山上山下，都是一些很艰苦的地方。除了荒凉的山，就是戈壁滩，怎样去形容这些山与戈壁滩：一个个黄土山上布满了风扇发电机，把绿油油的草儿都显得好渺小。戈壁滩零零散散的白杨树在空旷的土地上努力伸展着，有整齐排列的，有胡乱摆放的，有组成爱心型的……我一眼望去，除了心中越发空亮，剩余都是一些感叹，我竟不知如何表达心中的那瞬间的感想了。那也是个大晴天，天空蓝得犹如宝石，云朵大而厚，像昨晚下的积雪，白得刺眼，可看久了又觉得很暖和。从小就喜欢看云，因为那里面有故事，或是快乐或是心酸，或是喜或是悲，都由我们的心来定。

　　我其实不愿意写遇见的人，总觉得只是一面之缘，怎可随便写，人是很杂的综合体。但在荒凉的地方，总会有一两个人在那里存在，要不然景色纵然很好，也是空洞的。到北边的荒山上合照的时候我见到了他们常说的催师傅，他个子高高大大，油腻的短发，穿着半旧白米色短袖，他站在荒破的房子边热情地迎接着我们。几句寒暄之后，我们开始了工作，只听他给领导说可否调他回到原地，这里的工程也结束了，工人都回家了。这几日总是一人待着在荒度，做饭的东西都不敢过夜，就坏掉了。以前的事不想再絮叨，只想把眼下的事做好，回到原地继续好好做饭，眼神那么诚恳。可能是职业的缘故，他总问我们吃不吃饭，没什么招待我们的，吃点总是好的。除了工作领导们都是敷衍的回答着，由于时间问题我们匆匆忙忙地走了，我坐在车上回头看着那个渐变渐远的小房子,他的模样在我的脑海中浮现。我知道催师傅比我们都活得明白,我想如果早点知道他是珍时之人,我理应带几本书送他,可以缓解他的处境,让他过得充实点,但是事不会随心变的,我几度回头,终了将他的生活两言三语记录。人活着总不能如愿,是命还是选择都不是很重要,重要的是不跟往事瞎扯,看紧眼前就行。

几经辗转,我们到了南边的一个工地,虽说仍是荒凉,但是由于建设齐全,像个小小的家,可以感受到淡淡的温馨。因为路程有点远,刚到我们就都有点饿了,一下车我们直奔厨房。一个精干干净的小老头,微笑着急忙张罗,一会四道小菜端到我们面前,这是高师傅,我的老乡,做菜绝对的上乘。吃着他做的菜,满满的家乡味。可能是因为老乡的缘故,我们很容易就聊了起来,他给我讲述了属于他的岁月,有青春,有激情,有梦……他说,梦都没有做完,不知道那天就弄丢了,慢慢梦就没有了,只剩生活了。晚饭,他又给我们做了盖面,面很有嚼劲,菜也很美味。空旷的荒野,一群人在作业生活,不问明天,不说青春,不念岁月,只是小心翼翼地活着这段时光。他们也不知道为什么,只明白要生存,要养家,仅此而已。我们奈人生何,只不过赤裸裸地来,赤裸裸地去了。所谓的人生就是一段时间,时间磨完了,我们也该入土了。

回公司的时候夕阳通红,染了一大片的天空,牛马在狂野上乱跑,他们都说这就是陕甘宁的交接处,没有人管,可以大胆地走。我们听着蒙古的民歌,那感觉真的很奇妙,只是稍纵即逝,这也许就是美吧,在瞬间。

黑夜里行走,一切都是那么空矿,心却是格外的静。人骨子里都会对于故乡相似的东西有某种感觉,它是渗透到骨子里的,怎么都拿不掉的。我在想从小我就想逃离一切关于故乡贫苦的一切,但是兜兜转转一直就没有走出去过。决心很大,总没有勇气,而且还过着不如曾经憎恨的日子。

同事对我说：这就是我们所谓的青春所谓的人生，该痛的一点都不会少，该苦的只会更加苦，过着从未想过的最可怜的生活，消耗着青春，梦想早就见狗去了。带我们的师父说：生活无论给你们什么你们都得接着，首先它毕竟消耗着你们最美好的时光，是你们的生命的组成部分；其次，它或多或少都会教会你们一些道理，说不定你们会受用终身，不要把自己搞丢了。

　　其实，我们都是自身经历的囚徒，走的地方，做的事，遇到的人，都是我们不曾想到的，过的当下的每一段岁月都是过去现在我们认为最苦的，并且都是我们未知的，有时候觉得这是一场与我们无关的人生，活着这回事，本来就如此单纯，不必深究，因为痛在其中。

原谅别人其实也就是原谅了自己

朋友们在咖啡馆里小聚，顺路叫上我。

我很少喝那东西，只一杯，就会搭上大半宿的睡眠，因此常常自怨自怜：没有口福。想想那香醇浓郁的口感，却无福享受，不觉中失落顿生。

朋友们轻啜慢品，细细地咂摸着那醇正的滋味，我却东望西看。临窗坐着一个年轻的女子，长发，白净，斯文，穿着很有品位，一看就知道是个有阅历有故事的人。她一个人一边慢品咖啡，一边在一台超薄的笔记本电脑上写着什么。

咖啡店里的一个女孩来送咖啡，还没有来得及放下，那个年轻的女子刚好起身，一杯香醇浓郁的咖啡就那么倾洒到她的笔记本电脑上。送咖啡的女孩慌了手脚，脸也白了，额上也出汗了，结结巴巴、语不成句地说："对不起，对不起，我不是故意的……"

慌乱中，她急忙拿起纸巾帮忙擦拭，动作笨拙不成章法，一看就知道是个新手，完全是乱了阵脚。

我以为那个年轻的女子即便涵养再好，也会和送咖啡的女孩吵起来的，毕竟是笔记本电脑，哪能随便往上面洒水洒汤？

那个年轻的女子，倒是波澜不惊，心平气和地说："怎么这么不当心啊？洒点水在上面也不能种花啊！我这笔记本电脑可贵着呢！以后小心点，你去忙吧！"

送咖啡的女孩眨巴着眼睛不相信似的看着她，不知道她这话是真是假，杵在那儿既不走也不说话，眼睛里渐渐蓄满了泪水。我以为那个学生模样的送咖啡的女孩会说些求饶的话，比如家里有老母幼弟需要供养之类，可是她偏偏什么求饶的话都不说。我以为那个三十几岁的年轻女子会把她臭骂一顿，可是她偏偏像什么事情都没有发生一样，处变不惊。

我有些担心，风平浪静的背后，会不会孕育着更大的风暴？比如投诉女孩工作的不当心，比如让女孩赔她一台新的超薄笔记本电脑？

可是我猜想的那些事什么都没有发生，那个年轻的女子笑吟吟地看着女孩说："真的没事儿，我不会去投诉你，毕竟你也不是故意的。"

我像你这么大的时候，比你还笨，那时候我在南方的一所大学念书，假期去一家餐馆打工，毛手毛脚的，不小心把一盘子菜扣到了一个去吃饭的大老板的身上。人家西装革履，一身名牌，那天若不是人手不够，根本轮不到我去上菜，可是我是轻易不出手，一出手就闯了祸，被餐馆的老板骂得狗血淋头，只等着被开除或者被索赔。

"我沮丧至极，我挣的那几文钱，哪里买得起那身名牌？可是谁也想不到，那个去吃饭的大老板反倒替我求情：'别难为这个孩子了，若不是家里有困难，谁会假期跑出来打工？你看看她，这么小，又这么吃苦上进，将来说不定会有出息呢！'"

那个年轻的女子说："那一次的事，对我触动很深，因为别人曾经原谅过我，所以我也是。从那以后，不管遇到什么事情，得饶人处且饶人。因为别人原谅过我，所以我原谅了你，也希望你以后在别人不小心做错事的时候也能原谅别人。"

送咖啡的女孩不相信似的看着她，没想到，眼瞅着即将到来的一场风暴或危机，那么轻易地就风轻云淡了。

她退后几步,然后冲着那个年轻的女子深深地鞠了一躬。看着女孩离去的背影,我的脑子里忽然迸出一句话:因为被原谅,所以原谅。

　　人与人之间的关系其实是搭在一个平等互谅的基础上的,人生在世,谁能保证自己一辈子没有做过错事,谁能保证自己没有一时的无心之失。人际关系实质上也像一个大的链条,每个人都是这个链条上的一环,原谅别人的时候,其实也就是原谅了自己,只有这样,人际关系才会融洽,大环境才能和谐。

　　原谅是一个很高贵的词,原谅别人需要有一颗善良悲悯的心,因为原谅别人需要智慧和宽容。

　　因为被原谅所以原谅。因为原谅所以被原谅。我想着这句话的时候,忽然觉得,生活其实也挺有劲挺美好的。

如果努力，
在哪儿都有好事发生

若不执着于哀伤，
坏时光也没那么痛彻心扉；
若不沉溺于恐惧，
冰雪之上还有好花静开。

只要努力，处处都会有惊喜

高考成绩已经出来了，可谓是几家欢喜几家愁。已经有小伙伴发信息告诉我，自己高考成绩不理想，可能考不上本科院校，辜负了父母的期盼，感到前途渺茫，抱怨过去那个不努力的自己，现在又担心大学读专科毕业出来没用。

其实，本科和专科毕业出来后一样得找工作，大学提供的只是学习环境，学习目的与动力在于自己。在我看来，考上本科与专科的区别就是本科毕业后找工作时达到了大部分要求的"本科学历"门槛，而专科文凭相对达不到别人已然设定好的学历要求。

既然现在高考成绩已经出来，摆在你面前的事实是也许你只能读一所专科学校，但也请你不要悲伤也不要自怨自艾，你首先应该想到的是解决问题的方法，而不是叫苦连天，伤心难过，埋怨自己当初为何不努力等种种原因。每个人要走的路都一样，但出发方向不同。我也是专科毕业，但我从来不认为专科生就必须低人一等，专科生就比本科生要降低一个档次，目前的我等着明年本科文凭到手然后参加本地事业单位招考。

我高考那年，由于自己曾经种种原因造成考试成绩不理想，所以我欣然接受自己当时的失败，只不过在难过之后，我首先想到的是自己必须在大学里努力一回。既然别人都瞧不起我读专科学校，别人都对我冷嘲热讽，那么我必须在大学里绽放光彩，如此才能打败那些以为自己在本科学校读书感到骄傲实际碌碌无为浑浑噩噩过日子的同学。

如果你打算读专科，那么请你努力，因为专科与本科之间存在的差异是一个让你必须接受的现实。当你读了专科学校后也不要和周围同学一起抱怨学校的种种不好，抱怨并没有什么用，如果当初自己在学习上努力一点有本事考好的大学，自己不努力又还埋怨现在的一切，这是一种非常懦弱的表现。你与其跟着大家随波逐流蹉跎光阴，倒不如以此激励自己刻苦努力，在学校里拿奖学金拿省级荣誉，专科毕业后考本科继续打造自己。

记住，扛不住的时候，想想那些伤害过你的人以及打击过你的人都还过得那么逍遥快活，所以你绝不能先倒下。

在大学里，我并没有辜负自己浪费青春，我合理规划学习与生活，最终我拿到很多奖励。虽然一些荣誉对于毕业工作后的我来说并没有太大用处，然而那些奖状却有力地证明了我在别人都瞧不起没看好的大学里依旧可以闪耀夺目，依旧能拿到国家奖学金。

大学毕业后，由于自己前期对写作坚持不懈的努力，机缘巧合之下报名参加了事业单位的一次招考，很幸运通过了考试，得到单位一把手的青睐，是他耳提面命的教导让我懂得了许多道理。

如果你问我时光可以倒流，会不会再为自己未来的人生努力一回？我会斩钉截铁地告诉你，必需的。

如果时光倒流，一切回到初一开学，我定然会打好扎实基础，好好地用功努力学习，因为现在已经毕业的我幡然醒悟，读一所好的大学是多么的重要，至少，如果校园学习氛围浓厚，所接触的人不会太差，因为你努力的时候有同样愿意努力的人与你一起做伴，课余时间陪你一起在图书馆、教室、实验室度过，晚上十点查寝过后寝室里不会是各种游戏声、综艺节目声充斥，而是看电视的戴着耳机不会影响其他人看书学习。至少，你拿着书去图书馆或者教室自习时，不会被寝室的人冷冷地说"乖学生又去学习了"。

在一所好大学读书，自己能够获取到更为丰富的资源。上一所好的大学你有更多机会认识优秀的人，聆听他们的想法观点，从中吸纳精华润泽自己，耳旁不会整日传来大家聊八卦新闻，讨论这个傻那个丑，敲着键盘去网上吐槽别人以此寻找快乐。

然而，我知道一切都回不去，既然现实摆在面前，与其遮遮掩掩、诚惶诚恐地担忧未来，不如抓住主要矛盾根据自身情况仔细分析，然后逐一解决问题。

当前，你必须承认的是高考分数不理想，也许只能读一所专科学校，那么你就不要再为此伤心难过，也不要为自己将来读一所专科学校感到丢面子，觉得抬不起头，更不要因为周遭的人说你专科读出来不如去打工诸如此类的语言而退缩甚至自卑。

我们常常喜欢用自己的主观意识强硬地给一个人"定性"，比如一个人做不出好的成绩就说这人一辈子就会这样，一个人学历低一点、出身差一点、长相普通一点甚至带有一点残疾就嘲笑别人活该，一辈子就是这种命。对于这种武断"定性"，我一个朋友态度倒是蛮乐观，他说如果嘲讽打击他的人比他优秀厉害，那么他会反省然后不断努力，不敢说与打击他的人平起平坐，至少也要让别人刮目相看。如果打击挖苦他的人本身就不怎么样，那么直接用成绩证明自己或者不必回应，只要自己努力就行。因为，对于那种自己不怎么样又还瞧不起别人的人，老死不相往来就好。

乖，你不要自责、害怕、担忧，更不要认为自己一辈子没出息。此时此刻的你得把自己的优势与弱点列举出来，仔细分析并筛选一所相对不错的专科院校。目前，技能型人才在社会也有立足之处，你可以根据自己的爱好特长，或者根据家乡的发展挑选合适自己的专业，多留意主流媒体传递的高考信息，多打听别人的专业选择，多与长辈老师同学交流意见。

即便你身边的朋友炫耀自己考上了一所不错的大学，你也不要为此感到自卑，只是他们在重点大学得到的资源丰富罢了。而你，和他们走的路不一样。你现在辛苦、难过、不安，是因为当初的不努力造成，这一点我深有体会。如果自己现在努力一点儿，未来就不会太过糟糕。

如果你已经读了一所专科院校但仍旧自甘堕落，很抱歉，你付出的成绩普通那么得到的收获也普通。如若你家里有关系有人脉，那么另当别论，你可以无所顾忌地挥霍浪费时间。

我个人认为，学校提供的是环境，努力与否看自己。如果你本身就是专科文凭，毕业后升本科又需要资金投入，那么你在大学里得多辛苦些努力学习，至少拿到奖学金，把毕业以后参加自考升本科的钱补回来。记住，你想认识优秀的人首先一点是你自身得有价值，要让别人发现你身上可圈可点之处。

此外，你在读大学时可以着手准备本省统招的"专升本"考试，大学毕业前即可参加，这种考试形式和高考大同小异，但只有一次机会。如果这次考试通过，则可以进入本科院校深造，这种文凭相对比你大学毕业后再去报读的本科文凭好很多。

现在的你觉得不公平就对了，如果不努力那么只会越来越不公平。努力了至少不会坐以待毙，至少会争取到相对的公平。

我在一本书里看见这样一句话："不要让恐惧麻痹你。利用恐惧，让它激励你。不要独自一人承受，走出去，与别人合作。你为别人的人生增加价值的同时，也在为自己的人生增加价值。"想想，你此刻因为高考成绩的不理想感到彷徨迷茫，不正是对于前途的未知故而产生恐惧害怕的吗？

在我看来，想要淡化减弱这种害怕读专科看不见未来的心理，第一点就是承认现实，不掩饰，也不去拿比自己还差的人和自己做比较，以此产生慰藉甚至是侥幸心理，貌似精神上得到满足、安慰与激励，实则这种"掩耳盗铃"式的心理安慰只会让自己越来越糟糕。

如果你与那些比自己还窘迫的人做比较，那么你是看不见进步的。你只有正视自己目前的状况，认清现实，制定合理可行的规划目标，比如找学校选专业，开始做一些大学前的准备。上大学后，你可以通过竞选班干部参加社团以此改变自己，至少当你忙碌起来或担任某一种职责时，你不会产生我是一个一无是处的人心理。相反，你所得到的成绩与别人的鼓励和艳羡会愈来愈激发你的信心，你会暗暗地告诉自己，我要做好这件事让别人刮目相看。

我，平凡普通，过去因为这样或者那样的问题我没能像别人那般优秀，总感到自己追逐梦想时有心无力。但从进入大学起我就告诉自己必须努力变得优秀，不要平庸。也许，你和我一样，有一个不努力的曾经，只不过希望起点比别人低、奔跑速度比别人慢的我们懂得这些道理时为时不晚，还能亡羊补牢。

我们没有别人活得精彩，但我们可以把青春过得漂亮，把事情干得出色。毕竟生活中太多例子证明只要愿意努力，在哪儿都会有好事发生。

坚守梦想，不负青春

最近这一段时间，我几乎每天都能听到身边的抱怨。总的来说分为三类：我到底做了什么，我在做什么，我要做什么。

时间把我们轻轻推远，我们已经不再是那个还可以整天做着美梦的年纪了。那时或许一个晴天，就可以和朋友们躺在草地上畅想未来多美好、前途迫不及待令人向往。那时的我们，觉得还早，一切尚未来到，还有机会去豪迈挥洒青春。未来是挂在天边的北极星，只要我们一股脑地朝它奔跑，就会像一场缤纷的盛宴如期而至。

只可惜，不知道是盛宴太美好不忍轻易到来，还是我们的睫毛沾满了花粉，让我们误以为期待的未来只不过是眼前的萧索破败。于是，我们在这场追逐梦想的道路上逐渐迷失了方向。

我们每向前走一步，就会听说某某大神学姐，GMAT770，雅思8分；某某学长拿到剑桥或者哈佛的全奖；我们每回首看一眼自己走过的路，就看见某个同龄的高中同学，大学就自己创业，没毕业公司就上百万。学校赶紧请他办各类讲座，向周围的同学传输所谓的创业经验。

别人的未来光彩夺目，自己的未来黯淡无光。

我们每发出一点声音，周围的喧嚣就会刺激到自己紧张的神经。社交网络上疯狂分享上万次的牛人高分托福备考心经，进入联合利华或者投资银行的学长学姐们写的大学四年志，还有那些亲爱的杜拉拉、赵钱孙吴郑李、王拉拉们，他们的人生奋斗就像是一本职场的《九阴真经》——苦口婆心，循循善诱，所向披靡，无往不胜。

牛人们的神话，就像是粘在座椅靠背上的图钉，时刻刺痛我们稍微放松一下的神经。我们突然感觉到，自己在他们面前好像什么都没有准备好。在别人都能武装到牙齿的时候，我们还赤裸着身子红着脸四处遮羞。

脚下的路，蜿蜒又曲折；远方的梦，迷蒙而扑朔。

我们焦躁，烦闷，忧郁，彷徨。

这是一个残忍的时代，好友和同学都纷纷实习、就业、考研、出国。所以我们也拼命地不甘示弱，往前拼命地挤破头，生怕错失良机，却还是在起起伏伏的人海中失了方向。长相不出众、气质不优雅、成绩不拔尖、家世不显赫、手腕不高明……这样的我们，又何去何从？

这是一个浮躁的社会，大家拼命地以为，只有速成，才是指向成功的唯一标准。

我们仿佛都忘了有一种淡然的坚持，叫作"绳锯木断，水滴石穿。"

我们似乎也都忽略了一种等待的状态，是"天将降大任于斯人也"。

俞敏洪，多次落榜，第三次才考上北大。他的理想是哈佛，但三次都被拒签。

我记得在上"新东方"的时候曾经听过这样一个故事。当时"新东方"还远没有现在的规模，只是北京地区小有名气的英语办学机构。俞敏洪当时租的房子因为租金不高，盛夏酷暑的夜里老是停电，于是老俞他们就用蜡烛点灯上课。实在热得不行了，就托人找了一米多高的冰块摆在教室里面驱热。有一夜北京高温38℃，台上的老师中暑晕倒了。在把老师送到医院后，老俞回到教室看这样的环境，看学生和老师，看着看着，就哭了。

李安大学毕业后，有一段长达六年的失业期，生活的全部都是靠她妻子的工资，而他就是全职家庭主夫。每天李安能做的就是目送她的妻子林惠嘉开车去工作，然后自己独自回家写剧本做家务。终于有一天，李安实在无法忍受这种生活，就瞒着他的妻子去当时的社区大学报名学电脑以改善自己的处境。那天他惴惴不安地送他的妻子，林惠嘉站在台阶上对李安一字一句地说，"李安，要记得你心里的梦想。"那一刻，李安心里像突然起了一阵风，那些快要湮没在庸碌生活的梦想，像那个早上的阳光，一直射进心底。妻子上车走了，李安拿出包里的课程表，慢慢地撕成碎片，丢进门口的垃圾桶。

世间不缺少一个电脑员，却缺少一个李安。

其实，

不是每个人的成功，都是一剂良药，冲水即食。

不是每个人的成功，都是一条咒语，默念即灵。

但是，每个人的成功，都曾是在他们青春里呐喊过、失望过、彷徨过、失意过，却从未放弃的对理想的坚持。

他们愿意相信自己多于相信别人，他们可以摒弃一切外在的纷扰和杂念，只倾听自己内心的向往和执着。就算是痛彻心扉的失败和挥之不去的烦恼，甚至身体上的折磨都没有内心的空虚和空洞来得无力与可怕。

我想，三毛一定不会期待《哈佛女孩》的故事。我觉得，lady gaga 也不会对《厚黑学》感兴趣。

因为哈佛女孩和职场达人年年有，但她们却是世界独一无二无可取代的唯一。她们的独自选择，成就和塑造了她们的与众不同。她们的特立独行，另辟蹊径跳脱了平庸的不落俗套。

而那些单一的模仿和简单的复制，只是一条会过时的山寨生产流水线，一样的模子刻一样的人偶。这种成功，没有独自温暖的体温，没有激动人心迫不及待的回忆心跳。所以，它只能是人偶，不是人物。它没有惨痛的过去，也自然不会迎来辉煌的未来。

龙应台的十八岁，是充满一个海边渔村里的回忆：

是零碎的对小卖部里小孩的袜子，学生的书包的回忆；是对窄窄马路上巴士、摩托车把马路塞得乌烟瘴气水泄不通，又突然安静的回忆；还有飘着一股尿臊味，揉着人体酸酸的汗味，风扇嘎吱嘎吱响着，孩子摇椅，歌星大声说唱的回忆。

这是龙应台的十八岁的小渔村，那我们的"小渔村"又是什么？

我们憎恶与焦虑的今天，会不会是奠定我们价值，寻找生命的位置，给予我们力量和坚持的明天呢？

是否我们也会像她一样，感谢自己当时的坚定及向往，即便是在最贫瘠的荒凉，也可以诞生最伟大的梦想？

还是说，我们还是会像她一样总是觉得自己很廉价，廉价到只剩下坚持，然后回首才会意识到其实那才是我们最宝贵的拥有？

我们也大可不必在青春的舞台上叹息着明天的还未登台，或者围观、临摹着别人的精彩。

因为，不是所有的成功都是急功近利的模仿，不是所有的梦想都是人云亦云的跟随。

也因为青春不仅仅是一场盛大的红地毯，也不是每个人都可以毫不费力地走得步履轻盈还赢得掌声一时。青春，也是一场自编自导的独幕剧，唯有最艰苦的等待，最艰难的坚持，以及最崇高的坚守梦想，才值得获得最经久不衰的掌声。

让信念支撑你到底

一个中学生，在上数学课时打瞌睡，下课铃响被惊醒，抬头看见黑板上留着两道题目，他以为是当天的作业。回家后，他花了整夜的时间去演算，终于解出了一题。他把答案带到课堂上，老师瞠目结舌，原来那一题本来已认为是无解的，如果这名学生知道的话，恐怕就不会去演算了，不过因为他不知，坚信这道题有答案，结果不但解开了，同时找到一条别样的求解方法。

中学生打破了无解的极限，收获了惊喜。可见，只要心中坚守信念，很多不可能就会变为可能。

在1954年之前，4分钟之内跑完1英里被认为是不可能的。医生、生物学家进行实验，并用结果科学地证明，展示人类的极限，结论是人类不可能在4分钟之内跑完1英里，运动员们也验证了科学家和医生的观点，证明了他们实验的正确，1英里跑了4分零3秒、4分零2秒，但是从没有人能跑进4分钟。从开始对1英里跑步计时以来，科学家、医生、世界顶尖运动员都证明了这个结论。

罗格·班尼斯特说："4分钟跑完1英里完全是有可能的，根本不存在什么人类极限，我可以做给你们看。"说这话的时候，他是牛津大学的医学博士，他也擅长长跑，是顶尖的运动员，但是离4分钟跑完1英里还是有距离的，他的最好成绩是4分12秒，所以自然没有人把他的话当真。但是罗格·班尼斯特坚持刻苦训练，而且有了进步，他突破了4分10秒、4分5秒、4分2秒，接下来就没有再突破，像其他人一样，无法再低于4分2秒了。

但他坚持自己的观点，坚持训练，但是一直没有突破。直到1954年5月6日，在他的母校牛津大学，罗格·班尼斯特用了3分59秒跑完了1英里，一下子就轰动了，他登上了全世界新闻的头条："科学遭到挑战""医生遭到挑战""将不可能变为可能"。他跑完的1英里，成了梦想的1英里。6周后，澳大利亚运动员约翰·兰迪跑完1英里用了3分57.9秒。接下来的第二年，有37名运动员都在4分钟之内跑完了1英里。

信念有多长，极限就有多坚忍，只有你始终抱着必胜的信念，就会实现宏大的理想。毛泽东领导的秋收起义部队攻打长沙失败后，在转移井冈山途中，恶仗一场接着一场，于是，不少人开了小差，甚至连师长余洒度也不辞而别。近6000人的队伍只剩下700多人。前面重兵围堵，后面追兵迫近。情势之严峻可想而知！在此紧要关头，毛泽东在三湾那棵大樟树下豪迈宣言："愿走的，绝不强留；不愿走的你们会看到，星星之火可以燎原。用二三十年时间，革命终将取得胜利！"这是何等坚定的革命信念！从1927年秋收起义上井冈山，到1949年10月1日新中国成立，用时22年。如果中途信念稍有动摇，如何有成至此。

比尔·盖茨创造了微软，成为《时代》周刊50名网络精英第一名，被《福布斯》评为2010年全球最具影响力人物第十名。这一切的成功，也许都与他要当沙漠上的一棵橡树的信念密不可分。有了信念的鞭策，你会将未知的前路变为已知，满怀信心、充满希望地朝前走。

一群学者随一位老教授沿丝绸之路进行民俗考察。可是不久，迷了路，走进了一片杳无人烟的沙漠。干燥和炎热消耗了每个人的体力，食物已经没有了。最可怕的是干渴，在沙漠里没有水，就等于死亡。为了节省水，老教授把大家的水壶集中起来，统一分配。几天后，老教授死了。临死前，他把最后一个水壶给了一位信任的助教，叮嘱他："不到万不得已，千万别动它。"

又是3天过去，人已渴到生理极限。大家都死死盯着那壶水。可助教呢，死活不肯让大家喝，说还没到最后关头，并不断催促大家："趁体力还行，再走一程，再走一程……到了前面，一定把水分给大家。"大伙又艰难地朝前跋涉。就在大家要绝望的时候，沙丘后面传来了流水声。这时，助教才把真相告诉大家："挂在胸前的水壶，灌满了沙子。教授一直瞒着大家，是怕大家绝望。"

罗曼·罗兰曾经说过："最可怕的敌人，就是没有坚强的信念。"信念，支撑着每个人走过创业、创新之路，让人在遇到困难、挫折时不动摇、不放弃。面对前面的人生道路，你到极限了吗？问一问自己的信念吧。

不执着于哀伤，
坏时光也没那么痛彻心扉

再恋爱时，她已过四十岁。作为闺蜜，我喝着她煮的咖啡，肆意毒舌："搁在别人，也还算春风吹，可偏偏是你，再甜蜜，也像冰淇淋落到冬天的胃里，叫人担心可否消受。"

"绝交！"她恨恨出声，又嫣然一笑，"周六再绝吧，说好周五你请我吃火锅的！"每一年，她至少跟我绝交三十次，谁在乎。我在乎的是，她会否再次受伤。

她一心一意爱一个人，由十六岁爱到四十岁，还是以离婚告终。她从洋娃娃变成了洋阿姨，可那颗心却由玻璃变成了水晶。

因为心思单纯，隔了二十余年，带着那些好了的伤疤和忘记的疼痛，她的恋爱仍是十六岁的感觉：天上云飘飘，地上人笑笑，柳丝摇呀摇。

她在签名上大声说爱，在微博里晒幸福，在任何地方都捧着蜜罐子，叫人看："蜜汁！蜜汁！甜的，我的！"她像只有六岁，没心机，没眼色，没留一丝退路。

按说也不小了，可一爱，就拍手唱歌，大笑大叫，要空气阳光全知道，要天地人神都听见。

听说是网恋，我顿时心惊肉跳："你这男友，该不是网购赠送的吧？"她充耳不闻，脸上是六岁孩童的笑意。

接下来，我眼见她痴痴爱，眼见她长相思，眼见她情切切跑去银行打款，据说，男友家人罹患重症。然后，恋人一无消息。我的心，跌至谷底，摔得粉碎，做她闺蜜，真是催人老。

她在微博里惊叹："看烂了的本埠新闻，也会发生在我身上！"

这段爱，高调出场，高调谢幕。她虽不发恶声，可那工蜂般辛苦赚来的钱财，还是放在心上的。

凌晨三点，她敲开我的门，跟我谈那堆刻骨铭心的钱，说没什么大不了，权当看病了，贼偷了，发大水冲走了。

我旧病复发，再次毒舌："看什么病？你比水泥桥墩还结实！上次感冒，开了八十块钱的药，你才吃了五块钱的，就一键还原欢蹦乱跳了。这辈子只被毛贼偷过一次，还凶相毕露，把人家追得口吐白沫，原包奉还。至于发大水，我们这地方一年下一次雨，一次下五分钟，得攒两百年才能冲走你那堆钱吧！"

她幽幽道："那么，就当我俩吃火锅吃掉了。"我愤然开口："我没那么能吃！少把恶人的肥肉，套在好人腰上！"她哽咽起来，抽抽搭搭地睡着了，睡了将近二十个小时。我知道，这一觉醒来，这段坏时光，就算翻过篇了。

日子照常过着，大家都忙，疯狗一样地加班，加到六亲不认，朋友更成了外星球生物。好不容易闲下来，立刻拨她电话。那一头，是太阳晒过、糖渍过的欢喜：恋爱了，思念了，花开了。声音俏俏的，说此时她家窗外锦绣成堆，鸳鸯蝴蝶飞，阳光赖在她家屋檐不走。望着窗外灰不拉叽的天空，我一遍遍确认，她说的可是这座小城。

当我听说还是前面那个失踪掉的男友再次出现时，惊得像跌入噩梦，一迭连声地追问："钱钱钱还了没有？"她大声回应："还了！"我紧追不舍："是双倍还是原数奉还？"她笑得什么似的，仿佛从来都没哭过。

她约我去草原看日出，说新男友也会去，大家见个面，我顺便帮她把关。这本是父母操的心，为什么我这闺蜜得一把屎一把尿地前后侍奉？她淡淡说，男友会带烤炉和锅灶去，到时可以吃到正宗的烤肉和奶油蘑菇汤。我立刻收起抱怨，说下任男友也请让我把关。

那天，我几乎没有机会说话，红酒和烤肉统治了我的嘴巴。我只拿眼睛打量他们：两个都是中人之姿，看眼睛是孩子，看皱纹也老了，被时间或轻或重地磕过碰过，但脸上有种欢喜相，再沧桑，也是一对可人儿。

夜幕四合，篝火熊熊，她与男友端着酒杯，加入跳舞的人群当中。红酒泼泼洒洒，酒汁撞着火光，浸在沙里，空气甜蜜，人声恍惚，没有什么被浪费。

夜半，寒流忽至，大风横着吹，我们没能看到日出。回去的时候，下小雪，车坏在荒郊，手机没有信号。山里冷，道旁的溪水结成明亮细长的冰条。她提议下去溜冰，一下车，我们几乎同时惊叫起来：对面的山崖上，开满淡黄浅白的小花，在阴霾里摇着手，似在一遍遍说什么。

她忽然学着那些小花朵，对着阴霾扬起手："嗨，你好，坏时光！"

我一下怔住：她有过大把大把的好时光，也有过大段大段的坏时光，可她从不欺负自己，公平对待自己，给爱机会，也给伤害机会。若不执着于哀伤，坏时光也没那么痛彻心扉；若不沉溺于恐惧，冰雪之上还有好花静开。

你好，坏时光。

你的勇敢尝试能为你带来人生的诸多可能

[1]

似乎保守的人都有一个共性，喜欢待在自己的舒适区，不敢去做一丝一毫的尝试。

都说年轻就是资本、是希望，年轻可以犯错，可以无所顾忌，可以肆意挥霍，可以为所欲为，所以趁年轻，还是多尝试吧，别活得那么保守。

你不去尝试就永远不知道，你有哪些可能。

我认识一个网友，很有梦想，规划的未来很美好，几乎每次聊天都会听到有关未来的美好设想。

他在一家央企上班，工作清闲，有大把的闲余时光，而他内心深处有一个梦想，想成为一个作家，想出版一本署有自己名字的畅销书，他不止一次地跟我念叨这个美景，他幻想着自己现场签售火爆的场景。

每每这个时候，我都会给他来个当头棒喝，把他从虚拟的美梦中拉回现实。

有的时候，光说不练听得多了就心烦，"你有那个愿景，怎么就不见你脚踏实地地去实践呢？"

"文章光靠天马行空的想象是不行的，你得把它变成文字，用键盘或笔跃然于文档或纸上"

道理都懂，可就是不见他有所改变，还是依旧待在他的舒适区里，文字对来说，或许本来就是一个美丽而羞涩的梦。可遥想，可远观，却不能触碰。

这个网友，之后我们就鲜有交流，但还是留有他的微信，透过他的朋友圈，还是可以窥探一二。从其发表的文字状态来看，可以看见其内心的挣扎，但所有的改变都应付诸实践，光靠想象是不能实现梦想的，得落地行走，才能到达想去的目的地。

[2]

我跟现实中的朋友艾米聊起这个事，她则是一脸的羡慕，有那么好的条件却不好好利用真是可惜了。

艾米是在外企做销售的，时间对她来说就是最稀缺的资源，一个月休息三天，每天工作八小时，每天通勤就得花费三个多小时，将近四个小时，但她还是坚持自己的写作爱好。

做销售的时候，会接触到形形色色的人，艾米这人也很活泼开朗，但凡被服务过的顾客都很乐意与其交心，久而久之那些顾客的故事就经艾米的一番乔装打扮，变成她写作素材里面的人物角色。

艾米很聪明也很上进，对于写作很有天赋，在写作这条路上越走越宽。

有的时候，我会在文章末尾评论，"真是个勤快又有故事的女同学"，配一个害羞脸。

私下和她聊天，既然工作都那么累了，干吗还要这么折腾自己，下班后用写作的时间来逛超市，天猫，或出入影院，不是很好吗，那样多自由自在。

艾米微笑着说："我不想过那种80%人都会选择过得生活，既然我想过20%人才能过得人生，那我就得拿出120%的努力来。"

我竟无言以对。

但凡知道写作是怎么回事的人都知道，创作并不是那么简单的事，它需要你的日积月累，需要持续不断的深耕，才会有思想火花的碰撞，才会有一气呵成、气势磅礴的文章。

虽然艾米还没实现她的文字梦想，但好在她已经在追梦的路上，相比于那些保守的人已经是赢在起跑线上了。

[3]

对于个人的喜爱，保守的人永远都是停留在嘴上说说，过过嘴瘾的状态，而行动派则是一声不吭就立马付诸实践，因为他们知道，只有行动才有梦想的可能。

其实除了个人喜爱，对于工作事业，不同的人也有不同的选择。有的人选择保守地将就，有的人选择是快速试错，绝不拖泥带水。

小江毕业后很庆幸地考入了"体制"，过着许许多多人梦寐以求的生活，有着稳定又清闲的工作，还有不错的薪资待遇。

其实体制就像是围墙，里面的人想出去，外面的人想进去，要说是里面好还是外面好，我想是各有各的好，自己觉得好才是真的好。

或许是年轻的缘故，小江对于这种一眼就能看见生死的工作，日渐麻木，毕业那时立志有所作为，干一番事业的雄心壮志，也渐渐被生活这张网困得死死的，越是想挣扎就越挣扎不脱。

一边是自我拉扯着，一边是职业困惑着，小江深知目前的生活的好与坏，他想要走出体制，可是又担心走出之后的不堪。

这不是纯粹的个人问题，有父母、亲朋好友的夹杂其中，他们都会以过来人的身份指点你，还是乖乖待在体制内，别瞎折腾，出来就有你后悔的了。

毕竟是阅历和能力有限，小江至今都还在保守地选择将就着，不敢勇敢地遵从自己内心的想法。

[4]

小海是毕业于一所普通的本科院校，计算机专业，毕业后很如愿地找到自己心仪的互联网行业工作，月薪税后6000元，在一线城市这点薪资水平只够过活。好在小海是孤家寡人，没有女朋友，也没有额外的开销，所以生存压力不是很大。

小海知道，互联网行业拼的就是技术和能力，于是乎小海在工作之余，利用公司的资源和同事关系，有的放矢地提升自己，事无巨细都亲力亲为，为的就是能博得上级主管的注意，让他能在有任务的时候，第一时间想到自己。

据小海回忆，最苦的时候，在医院边打点滴边敲打着键盘，修改项目方案，优化完善意见，把顾客当上帝，自我以为很满意地递交了方案。

可是，人不走运的时候，你所有的感动都只是你单方面的一厢情愿，小海这么付出，得到的却是顾客不满意，要求重新调整和修改，这已不是一次两次了。

要不是看在工资的面子上，真想直接把方案甩对方脸上，然后酷酷地说，"我就不改了"。当然这都是小海的臆想，现实还是乖乖地给人修改，直到顾客满意为止。

经历一年多的磨炼，小海已经有独当一面的能力了，公司决定晋升他为项目经理。可在出色完成团队任务后，小海在其鼎盛的时候毅然选择了辞职，去了更大的公司，更好的平台，因为他知道，之前的小公司已经不能给他带来成长了，他需要更大平台来历练。

就像一只老鹰，当它还是幼鹰的时候，还是很贪恋鹰巢的。可当幼鹰长大成为老鹰时，广袤的天空对它来说有更大的吸引力。

[5]

每个人的职业，没有高低贵贱之分，只有喜不喜欢，舒不舒心。假使给你高薪，但每天你得顶着巨大的压力，闭上眼睛连睡觉做梦都在想工作的事。辗转各个饭桌，觥筹交错中看尽人间的心酸，你寻觅良久都得不到一个真心的朋友，这样的职业你还要吗？

相反，有的人做着一份力所能及的工作，空闲之余有点自己小爱好，有三五朋友相伴，或许没有大富大贵，但这样快意的生活拿千金万金也不换。

对于个人爱好，对于工作事业，别那么保守，你还那么年轻，别害怕摔倒，大不了再爬起来，抖抖身上的尘土，继续前行。怕的是你保守地过一生，碌碌无为，还安慰自己平凡可贵。

把生活过成什么样，完全取决于你

最近迷上了央视的一档综艺，叫《了不起的挑战》。

几位嘉宾在每次节目中都要面临各种不同的选择，根据自己的选择去挑战不同的工作，每次选择的结果都未知而刺激。

运气好，可能这一天就吃大餐，品美酒，享受各种高档服务，轻松地就过了。运气不好，就要去下煤矿、当"棒棒"、去悬崖上捡垃圾……

央视的节目从来不缺鸡汤，这锅鸡汤熬得尤其到位。

我们不知道眼前的这条路会给我们带来一个什么样的人生。我们会很谨慎，怕一失足成千古恨。

问了爸妈，可是爸妈希望的，不是我喜欢的。

再问问自己，到底想要什么，好像并没有那么清晰明白。

和朋友讨论，要不要跟跟风，去做大家都认为对的事，总不会错。可是不能跟从内心的想法，终究还是不甘心。

更残酷的是，选择也有层次高低之分。当我们处在选择的弱势方，面对的选项会少之又少，由于各种条件的差距，好的选择又与我无缘。

就好像，别人家的孩子都在北大清华之间犹豫，我还在担忧会不会在这所985高校里面被调剂专业。毕业后有的同学选择出国深造，有的早早进入四大、BAT成为职场精英，而我还在因为尴尬的学分绩点保送不了研究生，简历不够出众去不了大企业，在做"一条考研狗"还是随便进家小企业谋生的选择中苦苦挣扎。

和别人一对比，我们的选择往往会带来挫败感。

可是我们为什么要担忧呢？

所有人都知道，在一个二流学校的三流专业不能阻止我们变得更优秀，选择做"考研狗"也可以考得很成功，从一个小职员做起也可以闯出一片天。

当这些烂俗的鸡汤真真切切在别人身上变为现实的时候，我们还在因为自己没有更好的选择机会去沮丧，去颓唐。

我们更应该问自己的是：

选择了一个别人都不看好的专业之后，我是不是能够在这个专业领域潜心修炼做到优秀？

选择了考研之后，我是不是真的能够做到比别人更耐住寂寞、更坚持不懈？

选择了一家小企业之后，我是不是能够做到不丧失斗志，不得过且过？

所以，我们最害怕的并不是面临选择时带来的焦虑和不安，也不是害怕别人有比我更好的选择。而是害怕自己在做出这个选择之后不肯付出足够的努力，过不好自己选择的生活，成为不了自己理想的样子。

任何选择，都只决定了我们在某个阶段的起点，而我们在做出选择之后付诸怎样的行动，决定了我们所能到达的终点。

要记住，再好的地方也拯救不了一个懒惰的灵魂，再艰苦的地方也能成就自己的成功。

在《了不起的挑战》中，要是嘉宾不幸地选择了一个辛苦的工作，总要遭遇到各种苦不堪言的困难，在悬崖捡垃圾的时候遭遇大雨，在地下煤矿挖煤时累到精神崩溃……有的人会放弃挑战，更多的人选择一直坚持。

人的一生就是不断地在做不同的选择，选择的过程都是忐忑的，结果都是未知的。这就是选择，这就是生活，没有办法，你不得不选，但是你能把你选择的生活过成什么样，完全取决于你。

希望10年后，

回想起当初选择的一切，

我能够问心无愧地说：

嗯，没错，

这就是我的选择。

己所不欲，勿施于人

某夜和一位哥们聊天，正聊国家大事的时候话题一转，他跟我说他喜欢男人。由于这是我第一次听到有人亲口跟我说他是Gay，我表示很惊讶。我至此才相信世界上真的有同性恋。更令我惊讶的是，他对我说："我无法理解，男人为什么会跟女人在一起，我觉得好恶心。"此言一出，我瞬间石化——没有任何歧视的意思，只是觉得原来我们的想法会如此不同。

我后来回到家，回忆这段对话，也是感触多多。连我一直以为的"男人找女人"这种最基本的价值判断都不能普世，都是有"争议性"的，那么我觉得我所秉持的一切价值观判断不能保证"正确"了。至于平时学习工作生活中，那些因为各种各样的原因造成的分歧和冲突都弱爆了。

想想曾经经常觉得"这竟然想不明白？"或者"他连这个都不知道？"以及"他哪根筋搭错了会这样想"之类的气愤，真心不该又不值得。原来我活在一个如此"自以为是"的世界，曾经奉为人尽皆知的教条原来如此的"想当然耳"。所谓"价值观被颠覆"，大概如此。

《金刚经》所言"应无所住而生其心"——佛祖对大家说，我们不能执着，既不要执着于"恶"，又不要执着于"善"。字面意思我原来仅仅理解不执着"恶"，此事之后细细品茗，方才理解不执着于"善"。我们执着的"善"，所行的"善"，可能对别人来说，正是一种"恶"。你以为你给人家夹一块油汪汪的红烧肉是一番好意，"不好意思大哥，我脂肪肝加胆固醇高。"

社会生活何其复杂，善恶标准何其多样，我们恪守的标准何其单一，伤害别人又何其情不自禁又理直气壮。你以为你在善良、真诚、对人好，实际上你在蛮横、粗鲁、没分寸。太久以来太多时候太多事，我们常常自以为是。每天吆五喝六觉得我所想就应该是别人所想，撸胳膊挽袖子挺直了腰板把自己的一己观念当"普世价值"四处兜售。

我们经常大张旗鼓地按照自己的价值判断和行为规范来要求别人，拿着个砧板就当汉谟拉比法典，把自以为是的言行当成十诫一样"传播福音"。"他怎么会这么想？""他怎么能这么做？""这点事情他都想不明白？""大家都应该这样想。""这道理有谁不知道。"诸如此类的妄加评判和无理指责层出不穷出自于我的"金口玉言"。我只想说："我以前咋这么天真呢！"

一个人最伤人伤己、恶贯满盈的"个人恐怖主义"莫过于道德上的自负。多少人曾经总是自负地去"行善"，按照自己的方式和标准"对别人好"。一旦对方不领情，就会武断地冠以"不识抬举""不识好歹"等帽子。一方施予不成，反被冷落，一方拒之再三，愤懑难平。最后双方发生争执，让本来暗送秋波的双眼变得横眉冷对，让本来和谐美满的气氛变得剑拔弩张，最后不欢而散甚至一刀两断。

这种道德上的自负，让我们总是以一种伤害别人，尤其是身边至亲至爱的人的方式来处理人际关系。我们总是以为我们在"替他们考虑"，殊不知，我们其实就是在"为自己考虑"，因为我们始终以自己的视角来观测他们的生活。多少亲密的伙伴与和谐的关系，在一次次适得其反的帮助和忍无可忍的承受之后，在一次次推阻再三和破口大骂之后，迸裂、粉碎、分解、消逝。再回忆起我们生命中的过往，有多少不可理喻的无微不至让曾经的心心相印逃之夭夭？

还记得一次一个上海哥们大老远来看我。他本来就舟车劳顿，来了我家正应该好好休息。谁想我"热情好客",硬是拉着他打车四十分钟去一家高档正宗川菜馆吃招牌。钱虽然花了,心意虽然到了,但是这位口味清淡的哥们吐得那叫一个惨,胆汁加胃液。还有一次讨好妹子,竟然在她最忙且生病的时候给她邮寄了一桶蜂蜜。十斤啊!妹子被迫拖着病痛身躯到取快递的地方然后扛着蜂蜜爬到了六楼。然后,我们两个也再没有然后了。

掰掰手指看历史,多少令人发指的"恶",正是源于奉为圭臬的"善"。每一个恶贯满盈的"恶"的刽子手,都有一件光明磊落的"善"的血制服。我们天真烂漫地去执行"善",结果却怙恶不悛地施展"恶"。这无意为之的"恶"比有意为之的"恶"更可怕。人作"恶"的时候尚且有三分内疚及顾虑,但是自以为行"善"的时候,我们往往信仰自己的"善"而不遗余力地去行"善",但事实上在处心积虑地作"恶"而不知。

从个人到历史,"善"的屠刀把一个血滴子变成了一片御林军。在迎风招展的"善"的大旗下,多少十恶不赦的罪孽曾经堂而皇之地进行;在明镜高悬的"善"的公堂上,多少惨绝人寰的残忍正在冠冕堂皇地上演。平时连鸡仔都不敢杀的明朝腐儒对违背"三贞九烈"施行酷刑的时候那真是特种部队水平,他们觉得自己手中的"圣人礼法"就是他们突破人性的最强动力。

特定的时候,我们的善心越发强烈,我们所做的冤孽就越发沉重。我们的"善"惨不忍睹,我们的"善"不堪入目。我们不仅要放下屠刀,还要放下"善心"。我们用爱去关怀他人的时候,我们是否考虑到我们爱得不合时宜?我们用心去帮助他人的时候,我们是否揣摩过他们想的截然相反?抱怨对方不领情的时候,是否是自己太过滥情?憎恨对方难说理的时候,是否是自己太无理?爱,需要激情也需要谨慎,需要感性也需要理智。静一静慷慨的善心,多一点平静的思考,带一句坦诚的询问,留一份常驻的宽容,再去爱我们身边的人,一切或许就会变得不一样。

好一个大千世界，数不尽万盏明灯，看看这马不停蹄的周遭过客，便是更笃定克制的人生。对人家好的时候考虑考虑："他能接受吗？"骂人家的时候掂量掂量："我说得在不在点上？"给人家夹菜的时候吆喝吆喝："这个对不对您口味？"爱一个人，对一个人好，可不就是这么需要小心翼翼的事。最宝贵的真情你都给了，咋还能舍不得再考量考量。

总之，有捧有骂是过日子，没完没了是三孙子。社会多元，故事丰富，人人有心思，处处是特殊。很多时候你以为你在善良，实际上你是在不知分寸。你觉得你在做玛丽莲·梦露，实际上你在演毛利小五郎。你本以为你是个做慈善的英雄，实际上你是个秀下限的贱人。

想这纷纷红尘，每个人馋的甜、忍的酸、吃的苦、尝的辣都不一样，分歧斗嘴稀松平常。红烧肘子，佛家罪其残忍，吃货贪其美味，谁在跟谁起哄？钟馗肃穆，百姓爱其怒目，饿鬼恨其凛然，你能找谁说理？静一静，听：己所不欲，勿施于人，己若所欲，慎施于人。

运气向来只会照顾有潜力会努力的人

[1]

大概两年前有次国庆期间回老家发小来我家吃饭，席间提到了我们俩同时都认识的一个人，姑且称他为刚仔吧。发小说刚仔现在发达了，好像是承包了一个什么政府的绿化项目，家里排着队的人给他送钱投资。发小还说他跟刚仔关系好，所以把自己的十几万积蓄都给了他，言下之意就等着后面收钱了。

发小还说他也可以帮我跟刚仔说说，如果我要是有闲钱也可以投给他。我笑而不语，我深知老家那边的人理财知识匮乏，投资渠道除了民间高利贷外几乎别无他法。

我们那个地方小，我对刚仔也算是熟悉，说他是不学无术也不算过分。高中没读完就辍学，后面据说到外地打工也没混出个名堂，回老家后相继开了餐厅和KTV都相继倒闭，败光了家里的钱不说还欠下不少债。再后来因为我也不在老家了，至于这么多年来他发展的如何我也无从知晓。听发小的说法好像就是刚仔完成了逆袭，变成了成功人士。

因为以前也有过轻信他人投资失败的经历，所以对于发小说的这种情况实在觉得是个小概率的事件。或许我们也经常看到过某某名人、大亨成名之前是如何的不学无术，落魄不堪，因为一个偶然的机遇从此走上人生巅峰这样的事情，可是这样的事情发生在自己身边的概率又会有多大呢？

说实话，我从小学、中学、大学这么多同班同学、同届同学真的极少有成绩差得一塌糊涂然后逆袭成人生赢家的。也许当初成绩差的人，因为家庭环境、机遇的原因有了还算不错的工作，过上了还算不错的日子，但是真正做到让人羡慕、让人愿意跟朋友提起"我有一个同学是如何如何"的程度还远没有达到。

[2]

在我的中学同学中有两个学霸，其中一个是女生，暂且称她为小云吧。我和她是初中同班同学，高中同校不同班，她本身比我们小一岁，然后高二的时候就直接参加高考，并且以超过重点分数线很多分数的成绩直接上了中国科技大学少年班。她就是那种从小就成绩很好，每次考试都是名列前茅的学生，并且是那种不偏科，各门课都很厉害的学生。

大学毕业后拿着丰厚的全额奖学金直接去美国的一所顶尖高校读计算机专业的硕士，然后还读了博士，成了一名非常年轻的女博士。在读博期间她还参与了红遍全世界的"引力波"的探测项目LIGO，负责减震系统的研发。可以这样讲，引力波被探测到有她的一份功劳，她也是在多年后被斯坦福邀请去参加了引力波被发现的新闻发布会。

小云毕业后也先后在微软、Google这样顶尖的公司工作过，现在是Airbnb里的一名程序员。她在国内外的程序员圈子里也是小有名气。因为她身上的标签太多了，神童、少年班、女博士、美女、程序员。现在的她不仅是Airbnb里的骨干，还是两个孩子的妈。

另外一个高中的男同学也是一名学霸，高中的时候他每次考试都是第一名，尤其是英语成绩非常好。其实他成绩优秀并不是高中才开始的，而是小学的时候就已经非常好，当然这也可能跟他的母亲是教师有关系，但是他的母亲也只是小学教师啊。他当年以我们县高考状元的身份考入了北大，然后全额奖学金留学美国读硕士。

他是不是像小云一样也读了博士我不太清楚，只知道现在在美国一所大学教书。从一个中国内地小县城走出的孩子，到美国扎下根，在美国教书育人，我想这绝对不是一个简单的事情。

[3]

或许我的同学中也有上学成绩不好，然后走上社会参加工作，在工作中取得了不错的成绩，买房买车，五子登科，但是充其量也就是过上了不错的生活，跟上面提到的两名留美的同学相比还远没有达到所谓的逆袭。我的同学中也有当时成绩很棒，但是上完大学，走入职场后变得非常平庸，高不成低不就，甚至还不如当时成绩差的那些同学。这样的例子也屡见不鲜。

回到最开始提到那个刚子，发小最初以为刚子完成了人生的逆袭，但是后来的事情让他悔得肠子都青了。原来刚子承包的项目因为很多问题被停工，不仅没有赚到钱还赔得血本无归。我发小投给他的钱自然也是打了水漂。其实细想一下这难道不是一个大概率事情吗？一个不学无术，败光家产的啃老族怎么会有能力完成逆袭？其实，运气向来都是只会照顾有潜力、会努力的人。

最近我们公司也经常见投资人，投资人都会做详细调查，不仅调查产品和经营情况，还会调查公司的管理团队和骨干。为什么？道理很简单，投资一个项目并不是仅仅看产品，还要看团队，要看团队的人怎么样。如果团队的人都不怎么样，如何能做得出好产品？

恕我直言，那些满嘴跑火车、爱炒作概念的90后创业者们做的项目多半都会死掉，没有真才实学肯定走不远。这个世界没有那么多的乔布斯、比尔盖茨、扎克伯格，他们或许辍学并成为金字塔尖的人，但是他们并不是从小就很差，然后是创业让他们完成了逆袭，而是他们从小就有着过人的特质。

　　曾经厉害的人有很大概率变得不再厉害，但是一直不厉害的人突然变得厉害的概率也是非常小。如同渣男渣女突然洗心革面变成人生赢家的可能性极低一样。我相信你可以举出反例来，但是这个世界终究遵循着正态分布的原则，终究有着相对公平的机制。真正厉害的人不会突然厉害的，而是很早就已经很厉害了，他们就是有着厉害的基础，这不是宿命论，这就是现实。

你看似容易，不过是有人在替你承担

[1]

李萧是我班上的学生，长相帅气，一身名牌，出手阔绰，用的最新款的苹果手机，常常晚上查寝时不在宿舍，室友说他出去潇洒了。

很多同学都羡慕他，觉得他的生活太容易、太舒适了。

这么一个公子哥，我第一次见他时，就隐约觉得他在我班上将来会带给我麻烦，没想到不久后就给我捅了一个篓子。

李萧和别的系一个女孩子谈恋爱，把人家的肚子搞大了，带那个女孩打完胎后就提出了分手，再也不见她，不接她电话。女孩想不通，准备自杀，被寝室的其他女孩阻止了，女孩的家里人知道后，跑到学校要讨个说法。

这件事情惊动了学院里面的领导，要我们一定要妥善解决，于是，我通知了李萧的家长来学校和女孩的父母好好协商，希望不要把事情闹大。

见到李萧的母亲时，着实让我吃惊不小。

她穿着早已不流行的套装，黑色的坡跟皮鞋一大片皮已经剥落，黝黑的皮肤布满皱纹，凌乱的头发上面带着一块20世纪的头巾，看起来风尘仆仆。

依据李萧平时的消费，我以为他家应该是一个经济优渥的家庭，没想到就是一个非常普通的农民家庭。

他母亲告诉我，家里正在收玉米，实在没有办法才抽空来的，因为要省钱，没有打车，坐公交车来的，坐错了好几趟。

我特别注意了一下他母亲的手，那是一双庄稼人的手，历经风霜、沟壑分明，其中一个手指还贴着创可贴，想必是剥玉米粒时，手指裂开出血了。

我从小在农村长大，可以深深地体会到她供养李萧上大学是多么的艰难。

在院长办公室，李萧的母亲诉说自己培养李萧上大学含辛茹苦付出了很多，他父亲也是在工地没日没夜地干，说着说着就痛哭了起来，声泪俱下，越来越激动。可能她以为学校要开除她儿子，求大家给他儿子一次机会，最后竟然直接向女孩父母和院长跪下了！她情绪已经失控了，大家扶都扶不起来。

我告诉她好好协商就行，不会开除李萧，过了好久她的情绪才慢慢缓和。最后，他们两家人达成了一个结果，这个事情才算了结。

班上很多同学都羡慕李萧，不知道他们知道真相后会怎么想。

没有谁的生活本来就容易，李萧的容易，全靠他的父母替他支撑。

我不知道李萧每买一件名牌衣服、换一次苹果手机、带女朋友开一次房，他父母需要卖多少根玉米、在工地上做多少工，这样花着父母的血汗钱换来自己生活的舒坦，良心真的会舒坦吗？

还有很多的学生，在自己没有能力赚钱的时候，就拿着父亲的血汗钱去KTV开个豪华包唱《父亲》，这样做真的是爱父亲吗？

[2]

表哥是一个货车司机，收入不菲，就是常年四季在外面跑，表嫂在家里养尊处优，每天打一场麻将，出门做一次美容，生活优哉游哉，很多人羡慕表嫂，说她嫁了一个会赚钱的老公，生活滋润，没什么压力。

可是，表嫂和表哥的感情并不好，表嫂埋怨表哥只知道赚钱，常年在外不顾家，不关心她和孩子，经常回家就只知道睡，没说几句话就打哈欠。

他们经常吵架，表嫂一发脾气就收拾行李带着孩子往娘家跑，姨妈每次都急得不得了，兴师动众地和表哥去把她接回来。

后来有一次，一直陪同表哥跑车的临时司机家里有事去不了，表哥看我有空，就要让我陪他一起去跑这趟车，我说我不会开啊，他说：

"没事，慢点开就行，旁边多个人说说话，有个照应，也好多了。"

于是，我就不好再推辞了。

出发前，表哥准备了3箱方便面，3箱水，我说："准备这么多，太夸张了吧？"表哥冲我坏笑，说："你到时候就知道了。"

帮他搬完方便面和矿泉水后，他慢悠悠地拎了一个黑袋子上来，我问他里面是什么，他故作神秘，靠近我耳朵旁说："钱！"

等他锁好车门，我打开袋子一看，我的个乖乖！一沓一沓整齐的百元大钞，足足有几十万，我还是第一次看到这么多现金。表哥云淡风轻地说，这些钱都是路上要花的油钱、过路费、修车费等。看他这么大的架势，我预感有点不妙。

没想到，还真是上了"贼船"。

首先这个钱根本不是什么好东西，要担心强盗抢货或抢钱，停车的时候必须锁好车门，时刻要保持警惕。

经常开车20几个小时，没有一家餐馆，方便面我都要吃吐了，睡觉不要说床了，连床板子都没有，驾驶室就是我们的客厅、厨房和卧室！

因为长期吃饭不准时，我的慢性胃炎又犯了，跑车一趟回来后，我妈说我瘦了一圈，看着心疼。

通过和表哥跑车之后我才体会到他的不容易，表嫂生活得舒适就是靠表哥生活的艰辛换来的。

深夜零下几度的气温，表哥正钻到车底下用冻得发抖的双手维修一些小故障的时候，而此时表嫂正在温暖舒服的被窝里熟睡。

白天炎热的高温下，表哥正在大太阳底下吃力地扯着车子篷布，而此时表嫂正在空调房里的麻将桌上谈笑风生。

吃饭的时候，表哥正和一群工人为了快点交货正忙碌着搬运货物顾不上吃饭，而此时表嫂正在家里享受着香喷喷的饭菜。

到了表哥家后，我把表哥的辛酸通通向表嫂一说，表嫂听得眼泪直打转。表嫂说：

以前她不明白，他一大堆脏衣服为什么自己不洗，都打包回家，现在明白了，那是因为根本就没时间洗；

以前她不明白，在孩子老婆在面前，为什么他总是哈欠连天，一回家就睡觉，现在明白了，那是因为在跑车的旅途中根本没有机会好好睡觉；

以前她不明白，为什么他总是腰痛、肩膀痛、手臂痛，现在明白了，长时间的驾驶又要搬货又要扯篷布，他的身体怎么可能会好呢？

知道自己老公的不容易后，表嫂再也没有和他吵过架，她总是觉得表哥太苦了，要他换个工作，可是表哥说自己早就习惯了，别的工作也没有这个赚钱多，为了老婆和孩子，再苦再累也值得。

生活从未变得容易，表嫂的舒适和潇洒，都是表哥受苦、受累，用睡眠、健康换来的。

[3]

我们每个人生下来都要背负一把沉重的枷锁，童年的时候，你感觉天真无邪、快乐美好，那是因为你的那把枷锁由你的父母在替你背负着。

长大后，你感到孤独、迷茫、压力大，那是因为父母的年纪大了，你的那把枷锁他们背起来有点吃力，想把它往你的肩膀挪一挪。

再后来，你感觉更加力不从心了，那是因为父母都已经老了，再也背不动枷锁，需要你去背负自己和他们身上的枷锁。

生命的伟大意义在于：人与人之间的枷锁得轮流背负。

其实，生活从未变得容易，若你觉得容易，那一定是有人在替你承担着不易，岁月从来不曾静好，只是有人在替你背负枷锁，含泪前行。

你需要卸重而行

今年的五一假期没有远行计划，便好好把家里里外外都打扫了一番。

记得大搞卫生那天，扔掉了好几箱子看起来好像有点用处可实际上真的没用的东西。我不知道家里怎么有那么多这些东西，总之每一次打理，要么就是老人家说这东西还用得着，别扔了，要么就是自己觉得它还很好，舍不得丢弃。久而久之，这些沉积多年的东西就是这样在一次又一次舍不得丢弃中一路跟随着自己，每一次搬家都苦不堪言。

造成这样的现状，我认为自己也是一个推手之一。我平时爱看书，订阅的各种书刊杂志比较多，但是我又是个爱书如命的人，什么东西都舍得丢，唯独旧书旧杂志不舍得丢。而这些书是最占地方，也是最笨重的，每一次搬家，都备受搬家公司嫌弃。好在后来我老公给我想到了一个很好的办法，这个一直让我头疼的事情才终于得到了有效的解决。他提议让我把那些不看的旧书和旧杂志，送给乡下那些文化活动中心，没准村里群众用得着。就这样，每一次我去下乡，我都留意哪些村需要这类书，然后就收集整理，拿到村里去了，家里的书柜也总算腾出了更多装新书的空间。

如果说我那些旧书和旧杂志曾经一度给家里添堵，我觉得老人家那些不舍得丢弃的瓶瓶罐罐才是真正的"罪魁祸首"。要知道现在的都市生活，每一寸狭小的空间都是花重金租或者买来的，如果家里堆满了这些瓶瓶罐罐，实在是有点得不偿失。庆幸我们家老人在和我们年轻人一起生活之后，生活习惯有所改观，不再像以前在农村时候有那么大空间给他们任性摆放了。不过我曾经到过一个伯父家里，情况就不像我们家那样了。那个伯母七十多岁了，前几年才刚刚搬来城里住，一直沿袭着农村生活的习惯，每一个塑料袋、每一个瓶瓶罐罐都舍不得丢，本来很宽敞的一个景观阳台全部挂满了她舍不得丢弃的塑料袋和瓶瓶罐罐。我堂姐说起她妈妈这一习惯，即表示理解又感到深深的无奈。她对我说："老人家几十年生活在农村，叫她一下子改掉这些习惯，非常难，可是长此以往，家里连走动的空间都没有了，实在是左右为难。"

其实这样的现象恐怕真不是个例。我记得有一次我和我老公回老家帮忙整理父母房间的时候，就发现几年前我们买给他们的新衣服新鞋子，有些他们舍不得穿，藏在箱子柜子里都已经氧化变质了，有些吃的营养品舍不得吃都过期无效了，而被问起这些东西的下落时，他们甚至都已经忘记了曾经有过这回事。这真是一个可怕的习惯，这种习惯有时候真的一点都不会提升生活品质，反而会让生活质量大打折扣，甚至会让我们的生活变得不堪重负。

早些年我和我同事一起出去旅游的时候，我就发现了这样一个现象，很多女同志都是一到了购物的地方，就疯狂地买买买，每一次都是大包大揽地扛回来，可是，回家之后发现每一样在当时视作珍品的东西实际上在家门口的超市都有，而且有些东西在当时觉得特别好玩或者有用的，可是买回来发现一年半载甚至几年都没有用过。而旅行却年年进行，购物依然是年年进行，久而久之，家里堆满了很多无用的东西。我就记得特别清楚，我在云南旅行的时候，在大理古城很多人都争相买号称是纯手工制作的围巾，我也跟风了，就买了一条，记得还在古城的时候，觉得好玩，还带了一天，可是回来之后，真的就封存箱底，一次都没有碰过。主要是觉得这围巾料子没有我想象中的好，另外一方面是我所在的城市，一年到头真的也没几天是需要戴围巾度过的。也就是说，这围巾根本就是可有可无。庆幸那样的一次经历，让我开始学会克制旅行中的各种购物行为，在以后的旅行中，我很少轻易去买一件可有可无的东西。

这应该是我这些年出去旅行最深刻的一个感受，也是领悟最深的一个生活哲学。

如今，我时常提醒自己：扔掉一些无用的东西，有时候真是为了能够更加舒适地生活；卸下沉重的包袱，是为了让自己能够更加轻松地行路。生活，本就不易，如果总是还伴随着太多的牵绊和束缚，恐怕会变得越来越不堪重负。

有品质的生活，真的不是拥有多少东西，而是拥有多少有用和有价值的东西。

你要足够努力，才能抵抗命运的再次挑战

[1]

我经常在夜晚路过中餐馆的时候，心想着怎么有人这么不怕苦。

他们在晚上十一点还大敞着门，煎炸煮炖，洗洗涮涮，一对小夫妻忙活着七八个人要做的事，让旁边数家九点就打烊的当地餐厅显得冷清，而想必第二天他们又要顶着日出，去买菜上货，切菜备肉，招呼顾客，算账关门……三百六十五天，生活就是这样重复着每日16个小时的辛苦。

在新西兰，中餐馆大概是最辛苦的营生。

做穷学生的那两年，我在很多中餐馆打过工，老板通常都是移民了几十年的人，个个是精明能干的角色，常年驻扎店内，一切需亲自把关，从早上九点，到晚上十一点，必定第一个出现最后一个离开，从不问辛苦。

我一直不太明白，为什么这些身价百万千万的人要继续做一份操足心的生意，他们本可以在豪宅中在游艇里安享晚年，却要把人生投放在不肯停歇的事业里。

记得刚来新西兰的时候，认识一个六十几岁的阿姨，明明儿女已经长大成人，一人是博士一人有自己的生意，她却偏偏要找一份超市包蔬菜的工作，和青壮年站在冷库里干粗活，每天整十个小时，带着一副不输给任何人的劲头。

她午饭要吃两大碗，喜爱和年轻人说起过去的日子："我出国那阵子岁数就不小了，离了婚，带着一双儿女，因为不会英文，国内带来的文凭全都用不上，只得给人洗衣做饭，从早到晚，支撑一家人活下去。"

每当有人问起："阿姨，你的儿女那么有出息，你还出来打什么工？"

阿姨说："总是怕回到过去那样的生活，才一直不敢松懈啊！"她眼光掠过年轻同事丢掉的饭菜，心痛地说："浪费就是造孽啊！"

让人突然想到那些中餐馆的小老板和老板娘们，如此辛苦，大概是因为：

那营生，曾是他们唯一所能抓牢的东西。

[2]

我在看老四写的一本书，这本书（被禁）是关于某段特殊历史时期越南难民偷渡到各国的实录。

那书中写道，那些想逃出战争的人，把全部积蓄压在一个逃亡的计划上，连夜赶往一艘超载的小船上，在充满屎尿呕吐物的船舱内，任由海浪的冲拍，就这样被上天安排了生或死的命运。

那些逃亡的人中，有怀胎七月的女人，有护着三个孩子的年轻母亲，有年迈虚弱的老人，有一夜长大的少年。他们轻则遭到暴风的袭击，重则受到海盗的掠夺，女人受到奸污，男人受到暴打，婴儿被抛下海，奄奄一息的老人被咧着嘴的海盗一剑结束生命，那剑抽出来，都是生命的颜色。

那些幸存的人在陌生国家的繁华里登陆，或澳洲或美国……不再回头看向家的方向，忍辱负重，苟且偷生，却不久后用双手建立生活。

外媒赞扬他们顽强，却不知道经历过死的人怎怕活下来。

这本书中有三十几个偷渡家庭的故事，我发现绝大多数偷渡而离开家乡的越南人的后代，都成了社会的精英，他们成为商界人才、有名牙医、大学教授……人们再无法把流动在上层社会的他们，和历史画面中那些偷渡而来的饥饿的孩童联系在一起。

想起曾在电视中看到有人采访社会精英的难民父母："您是如何培养他们的呢？"

这一刻我不禁笑出声，哪有什么培养优秀子女的诀窍，只不过是因为见识到了最坏的生活，才知道努力是为了什么。

[3]

青春期时我的母亲总是斥责我为何不能成为最优秀的那一个，而如今她却总是极力阻挠我去努力。在她眼中我像是个机器人，可不吃不喝地工作，专注而变态得，直到目标达成的那一刻。

我在国内匆匆待了几天，她把攒了一年有余的坚果拿出来为我剥好，忧心忡忡："你用脑过度，需要补补。"

我回到新西兰后，她又在遥远的地方叮嘱我："一定要好好睡觉，好好吃饭，这才是人生正经事。"

然而她并不知道，那对她隐瞒了的颠沛流离的过去，是我再也不想经历的人生。

我睡过很多地方的地毯，才知道一张暖床的舒适。

我吃过太多的残羹冷炙，才知道温热食物的美妙。

我度过太多孤独的日子，才知道成长起来的可贵。

我被太多人踩在过脚底，才知道站起来的必要。

……

在做一次分享的时候，我对眼前二十几岁的读者朋友们说起异国经历："睡潮湿的只容得下一个人的出租屋，每一天花十四个小时在外面谋生活，开被别人唾弃的掉漆严重的二手车，一份员工餐当成三顿来吃，每花一分钱都需要计较，讨要工资无果急火攻心病倒了，哭累了，第二天依旧要出门去赚钱……"

我在最后总结说："年轻时苦过穷过很必要。"

人群中有人歪着头，等待一个解释。

我从没有如此用力地说过一句话，它分量太重，足够让一个人懂得，这一生都要用怎样的努力，去避免糟糕的命运重演。

你需要的不是担心而是努力

回头想想,这四年,精神上不谈,物质上还是没怎么亏待过自己的。

毕业以后当我一脸乐观地来到大连朝气蓬勃地准备迎接我的新生活时,我发现上帝在头顶,怡然自得拿着高尔夫球杆,微笑地瞄准之后给了我一闷棍。6月当真是个分水岭,节奏鲜明地划分了我的2013。

其实对于大连这个典型的工作累工资少的城市,我还是有心理准备的。尤其接到是一家我特别喜欢的婚庆策划公司的面试通知后,我的心里开心得不得了,因为我真喜欢这家公司啊。它伫立在大连最美的一条老街上,房子好看又特别,那时候正是夏天,浓荫小巷,尖顶花房,空气里弥漫着阳光和花香。面试的姐姐安静又从容,在PPT的结尾,我说在自己喜欢的城市,喜欢的街道,喜欢的行业做自己喜欢的事情,人生还有什么不知足的呢?

然后我们谈了薪资。

1200元,她说。

我问生活,我说你觉得我在大连一个月1200元能活下来吗?

我听见生活回答我,呵呵呵呵。

我认真地算了好久,5平方米的房间,一个月房租是500元,3000块钱的债务分六个月还完,一个月500,嗯,减去这两项,还剩200,交通费电话费生活费。擦啊,怎么都不够。更别提给家里,买书,存钱这些额外的花销。我还在想,怎么样省一点,老师在电话里直接帮我枪毙掉犹豫,想都不用想,肯定活不下去。

我为着这份工作心急火燎地来到大连,错过了毕业典礼错过了合影留念,来了之后才发现,活不下去。于是重新开始投简历,跑面试。房间里没有窗,没有光,没有面试的日子,我便躺在黑暗里。出去买了生活必备用品,卡里的钱便所剩无多。那时候才意识到没有办法像在学校一样孩子气,愿意的话在宿舍睡上一天也没有关系。浓浓的愧疚感扑面而来,每闲一天心情便往下沉一点。身边那么多朋友,可不愿意倾诉不愿意请求,大家都站在这个临界点,每个人有每个人的艰难。

活不下去一度成为我人生的梦魇。

说起来不至于,有爸妈,有挚友,有张先生在,这个城市看起来并非孤立无援。然而究竟是年轻倔强,恨不得推开所有人,自己站起来。怕得是越欠越多,怕得是还不起,没有办法心安理得地享受那些爱,我本应当站在付出的那一边。

终究还是在一个小公司落脚,第一个月工资,1541元。小公司的老板兼财务,呵呵,永远有着自己的公式和算计。那段时间一直默默地跟自己说,没关系。没关系,你要我是企划,我便是企划,你要我是执行,我便是执行,你要我是翻译,我便是翻译,你要我是哆啦A梦,那也不是不可以。走之前老板还在画着饼,好好干,我们都很看好你。我默默地离开,做完交接,删掉这个人的一切联系方式,自此再不提。

9月末的时候来泰德,一纸三年的合同,算是定了青春。试用期的工资是正式的80%,扣完五险一金也没剩下什么。然而心里明白几年内都不会有太高的浮动了,这些年从没搞清楚自己钱包里有多少钱,而今居然学会了记账。事实证明处女座的姑娘在做表格方面有着超乎寻常的天赋。10月末的时候发工资,下班冲到银行里还完最后的500块钱,心里长舒一口气,不欠了谁都不欠了，日子全是我自己的了。我一手拿着银行卡，一手按着计算器，房租，交通费，生活费，水电费，家庭小梦想，生日礼物，上个月就约好的聚会，好友来大连的接待费，买书的钱，给爸妈的钱，死活都要攒一点的钱……算来算去又是负数……然而这种算来算去内心好充实，因为我知道，生活是我的，都是我的，全都是我的。

当一个人开始计划柴米油盐的时候，也许是长大了，也许是怎样。这些年唯独不曾放弃过读书，每个月买书的预算上升到比买衣服吃饭更重要的程度。然而最近发现能让自己发自内心高兴的事情，却不再是看到书中某一个美好的句子，而是努力了很久终于买得起一只电饭煲，不用再顿顿热馒头和饼。我抱着我的电饭煲走下公交车，快乐得想要大声叫。

小心翼翼地把书架、烤箱、"西班牙"写进五年计划里。每一个看起来很小的梦想却都需要分期付款。固执着不肯去办信用卡，因为知道一定会透支。信用卡的额度总能放大一个人的欲望，对我这种没有抵抗力的人尤甚，那么索性从源头上制止。那些很久以来想要做的事情悄悄装进心底，一点一点来，既然不甘心那就要耐心。耐心地先让自己慢慢站起来，嘘，不必解释，我知道你从没忘记。

有时候也会羡慕，羡慕他们怎么能够在一起，他们怎么可以什么都不用操心，羡慕那些聪明人，羡慕他们似乎可以不费吹灰之力地做着自己喜欢的事情。然而辩证性思维告诉我，很多艰辛你只是没看见。你看他拿着高薪可是没有假期，你看她风光无限可是也已经筋疲力尽，每个人都在用力撑起一个看起来刀枪不入的自己。

年少的时候看新闻，看房价水涨船高看世风日下一脸忧国忧民，担心这个时代的人缺乏了信仰，然而越往后越宽容，住在桥洞的流浪汉不会关心政治，他只关心今晚要在哪里睡，买不起房的人们不会关心信仰，因为总要先有个活下去的地方。年少轻狂不自知，指点江山激扬文字，如同漂浮在梦里，而今真正独立了起来，才知道双脚要站在土地上是有多么不容易。当你没有了保护层，没人会觉得你是应届生就应该格外宽容，那些想要去的地方，那些想要做的事情，那些叫作梦想的旅程，嘘，先别提，先用力，活下去。

幸福不是得到得多，而是计较得少

我是一个女生，我没有倾国的容貌，没有显赫的身世，也没有不可一世的权力。我只是生活在世俗里的一个平凡女子。

我要学会一个人面对残忍的世界，要坚强。

可以允许自己堕落一阵，但不可以从此沉沦，我还有梦，明天总会来的。

看淡拥有，不刻意追求某些东西，落叶归根，属于我的，总会回来。

伤心了难过了，一个人静静，不在任何人面前掉眼泪，我不能原谅我的懦弱。

奢侈一点，把微笑留给每一个人，即使后面住着悲伤。

任何时候都不刻意解释自己，哪怕是误会。自己明白就行了，没有必要让无所谓的人理解自己。

面对伤害过自己的人，给他一个微笑再转身离开，不会恨，太累，也不会爱，他不值。

面对喜欢自己的人，我会对他好。因为每个人的付出都应该有回报。

背叛过我的人，我不会怪他，也许他真的有苦，也不会听他解释，我们到下一站了。

弃我而去又重返的人，我会把他忽略。因为再也给不了我一颗完整的心。

不可挽留的人我会放手，我给不了他要的幸福，起码可以成全他的追逐。

不刻意地装饰自己，那是给别人看的，而真的在乎我的人不会在乎这些。

喜欢一个人不一定要说出来，关心他在乎他爱他就够了。

跌倒了没人扶，我就自己爬起来；难过了没人安慰，我就告诉自己要坚强；哭了没人疼，我就自己擦眼泪。

可以原谅，可以不在乎，可以放弃，可以遗忘，可是不可以不爱自己，要高傲地生活。

我可以为一个人努力，付出，但不会改变。如果真的在乎我，他会包容我。

无论做什么，记得是为自己而做，那就毫无怨言。

面对困境，也不要悲观厌世。

生命的乐趣是要自己寻找的，谁也没有义务要为你做什么，要讨好你什么。

在人生的任何时候都不怕从头再来，每一个看似低的起点，都是通往更高峰的必经之路。

让自己更平和一点，更豁达一点，对于身边的过错，让自己更宽容一点。人人都有他的难处，何必强求于人。

作为女孩子，首先要争取经济独立，然后才有资格谈争取什么。15到25岁，争取读书以及旅游机会；25到35对，努力工作，积极进修，组织家庭，开始储蓄，必须活泼乐观，不厌其烦地工作……这双手虽小，但属于我，做出成绩来，享受成果，不知多开心……

坏事总是不断发生，可还是有很多办法来解决困难。永远不要忘记进修学问，拓宽胸襟。人生所有烦恼会不多不少永远追随，只不过学识涵养可以使一个人更加理智冷静地分析处理这些难题而已。

失去的东西，其实从来未曾真正地属于你，也不必惋惜，潇洒一点。生活中无论有什么闪失，统统是自己的错，与人无关。从错处学习改过，精益求精，直至不犯同一错误。从不把过失推诿到他人肩膀上去，免得失去学乖的机会。

浪漫是一种自我修养，是生活的格调。不管自己已婚未婚，什么年龄，总要保持有一种少女般浪漫情怀。

爱情很美好，但是，生活永远比爱情要长，而生活，是需要智慧的。乐观，阳光，凡事往好处想。

对一个城市的留恋，其实只是留恋那里的人和事，更多的，是沉淀在那个城市里自己最好的年华。不管在什么地方，生活都有喜有悲，没有必要羡慕别人增添自己的烦恼。

法国有句谚语：爱人在身旁，处处是天堂。幸福不是得到得多，而是计较得少。

所有的相遇和离别，
不过是瞬间的波涛

小时候，爸妈吵架。你一声不响，抱着洋娃娃离家出走。不走远，就在楼下的角落蹲着。你知道，一会他们发现你不见了，肯定急着来找你。回家的时候皆大欢喜，把吵架的事全忘了。

初二那年，他们闹离婚。你默默回到房间，闭上眼，在自己腕上划了一刀。妈妈尖叫着冲进来，爸爸一把抱起你送医院。你看着他们挂号，付费，求医生，急得团团转，竟是恩爱的样子。你为自己的小阴谋暗自得意。腕上缝了七针。妈妈趴在你的床头泣不成声："姗姗对不起，都是妈妈不好。"你很想对妈妈说："妈妈不哭了，其实我一点也不疼。"

高考后，你如愿考上了北京的大学。爸爸送你，两人坐了一夜的火车，好不容易找到了学校。到了宿舍，爸爸忙着大包小包放行李，里里外外打扫卫生，爬上爬下搭蚊帐，跑进跑出打开水，忙得满头大汗。可他什么活都不让你干，只许你在一边坐着咬苹果，和新室友聊天。爸爸要走了，你送他去公交站。你看着他瘦小的背影，艰难地挤上车。车门合拢，你挥手笑着，笑着，终于忍不住，像个孩子般号啕大哭。车缓缓离去，你看见爸爸用力拍打车门，张嘴在喊什么。可你什么都听不见，泪水模糊了你的眼。

大二的时候，你和男朋友去云南旅行。44个小时的硬座，一路吃方便面。你发烧了，男朋友去餐车买了一份粥，喂你吃。你觉得很幸福。下了火车你给他们打电话，爸爸暴跳如雷，咆哮着甩了电话。后来妈妈告诉你，你爸哭了。他哽咽着说："姗姗长那么大，我没舍得让她吃那么大的苦。"第二天，银行卡上多了一万块钱。爸爸的电话来了，他没有再凶你，只是嘱咐你吃好住好，注意安全，回来坐飞机。

你是公认的淑女，待人彬彬有礼，说话细声细气。只有爸妈知道你的淑女是怎么回事。放假一回到家，你就成了坏脾气的公主。没大没小，摔东摔西，一觉睡到中午，饭菜得端到床上，内衣都是妈妈给你洗，难得刷个碗还嘟嘟囔囔。好几次，爸爸忍不住想说你，妈妈劝他："算啦，姗姗读书辛苦，回家让她多享会福。"

毕业后，你争取到一个出国念书的机会。爸妈送你去机场，你微笑着挥挥手，转身离去。你已经不再是那个爱哭的小姑娘。留学三年，你硬是没回家。省下来回机票，还能打工赚一笔钱。第一个独自在外的除夕，你在电话里对他们说你很好，不用牵挂，挂了电话就去打工。那天餐厅来了很多中国人。他们吃着喝着，大声说笑，没人知道你在厨房刷着堆积如山的盘子。送走最后一批客人已是深夜。你走在异乡的石板路上，像孤独的烟火。

回国后，你在北京找了份令人艳羡的工作。过年了，你兴冲冲带着洋男友，提前请了假回家。哪知道爸妈根本接受不了。令人尴尬的沉默后是激烈的争吵。你出言放肆，平生第一次，爸爸打了你一记耳光。你摔开家门，用力挣脱了妈妈的手，头也不回地走了。

你和男友去了海南。你们在海边漫步，享用浪漫的晚餐，说着动人的情话。三亚的阳光和煦温暖，你心中隐隐不安。以往妈妈一天要给你打好几个电话，叮嘱你穿衣吃饭，让你不胜其烦。可这次，那个熟悉的号码再也没有亮过。

从三亚回北京，又开始了忙碌的生活。每一天，你想着妈妈的话，早餐吃一个鸡蛋，出门多加件衣服。好几次你拿起手机，又轻轻放下。你想，总要独立的，所谓的成熟，大概就是这个样子。

三月的北京，春寒料峭，你沉浸在失恋的悲伤中。手机响了，是爸爸。妈妈查出了胰腺癌，晚期。

你懵了。你不顾一切地赶回家，等待你的是冰冷的病房。你日日夜夜守在妈妈身边，生怕错过每一分钟。你这才发现，二十多年来，你从没安慰过妈妈，从没给她做过一顿饭，洗过一次脚，剪过一次指甲。你吹凉了米汤，一口一口喂给妈妈，就像小时候妈妈喂你那样。妈妈在药物的作用下睡去，憔悴安详。原来这世上最残酷的事，莫过于注视亲人被病痛折磨的脸。你祈求上天，再给你多一点的时间。那么粗的针管插进妈妈的身体，她还朝你笑："姗姗别哭，妈妈不疼。"

总有一些人的离去，让这个世界变得空荡。回到已经陌生的家，大床上放着两只枕头，桌子上摆了三双筷子。爸爸说："姗姗，吃饭吧。"一语未了已是泪眼婆娑。爸爸仿佛一夜间老了，佝偻着背，胡须都白了，小老头一样。离家前最后一夜，你冻醒了，爬起来找被子，结果找到了几件妈妈的衣服。你躲在被窝里，咬着嘴唇，无声地哭到天亮。

出嫁那天，你一早起床，给妈妈上了三炷香。楼下鞭炮震天，爸爸默默地转过身去，妈妈站在镜框后朝你笑。婚礼上，你挽着爸爸的手，缓缓走向新郎。以后，爸爸真的是一个人了。你想起了第一次离家出走，你抱着洋娃娃，静静地蹲在角落；想起了北京的公交站，那个哭得稀里哗啦的女孩。你强忍着不让眼泪掉下来，耳边传来温柔的声音，"姗姗，勇敢点。"

你很清楚，他们爱你。无论你怎样的吵闹、任性、坏脾气，他们都不会离开你。可是你忘了，世界是一片海，命运是风，所有的相遇和离别，不过是瞬间的波涛。

我们都是刻舟求剑的旅者，岁月里丢失了最心爱的人。有一天我们伤痕累累，记不起那些温暖遥远的日子。后会有期，后会无期。我们害怕真正的再见，可是再见，总有一天。

当你足够努力，自有人来帮你

早些年我还在乡里读中学的时候，我们村很少有走出去混得比较好的年轻人，我们家族里的一位堂哥算是个例外。

那时候农村还很少有年轻人读书读到比较高学历的，堂哥读了县里的职业高中，在村里算是个佼佼者了。刚好他毕业的时候，正值改革开放关键时期，沿海地区经济发展正风生水起，堂哥有敏锐的嗅觉，便牢牢抓住了这一发展契机，到了改革的最前沿——深圳，他也因此成了我们那里第一批南下淘金的弄潮儿。

由于当时深圳正大量兴建工厂，急需大批比较有文化水平的人。堂哥很快就在深圳谋得了一职，而且他将自己所学的知识学以致用，工作很快如鱼得水。没过多久，他就从一名普通的员工一路晋升，做到了高管的职位，后来最辉煌的时候，曾为某个中型企业的副总，这在我们十里八乡算是一个人才了。每当逢年过节，只要堂哥一回来，乡亲们都说他那是衣锦还乡。那时候，我的很多的小伙伴们都羡慕极了我堂哥，都希望我堂哥能够帮自己一把，连我自己也暗暗把他当成自己学习的榜样。不过我和那些小伙伴不同的是，他们都是希望我堂哥能够把自己带到他所在的工厂里打工，成为一名普通的流水线工人，很快能够赚到钱，而我却从未这样想过。我的目标是我要多读点书，将来有朝一日能够像我堂哥一样真正的走出大山，成为我们小山村里第一个走出大山去的女子。

就这样，当很多人都口若悬河地跑去我堂哥家里求堂哥帮忙的时候，我选择了默默地念书，从初中到高中，从高中到大学，最后我留在了城市里工作，甚至当年羡慕堂哥的那一点点小小的私心都早已被时间淡忘得无影无踪了。而我的那些小伙伴，一门心思地想走捷径，希望堂哥能够帮一把，最后非但什么也没有帮成，反而因为自己和他之间差距的不断拉大，后来连碰面双方之间都没有什么共同语言了。

前几年有一次回村里过年，遇到了从深圳回来的堂哥，我们两个聊起了曾经的过往，无话不谈。他说我从一个黄毛丫头变成了雷厉风行的职场女性，不仅自己有能力在城市立足，连父母也照顾得妥妥帖帖的，他真为我骄傲。我说我之所以能够克服重重困难，咬牙坚持一个人走无数的山路上学读书，多亏有了他这个榜样的力量。堂哥为我竖起了大拇指，他说你和别人的不同就是你想得到什么，会自己去努力奋斗。而一些人则不同，他们想得到一样东西，不是先考虑要自己去努力争取，而是希望通过投机取巧取得，这根本是行不通的办法。最后，堂哥和我说，真正能够帮自己大忙的，不是别人，而是自己不断的坚持和努力，不断的探索和尝试，当自己都不思进取的时候，你怎么能够指望别人帮得上自己的忙。

堂哥的这句话浅显易懂，却道出了非常深刻的人生道理。生活中，很多事情，何尝不是这样。当我们疲于奔命地去想通过捷径取得某个机会或者成功的时候，我们有没有想过，这样的成功即使真的一时巧合降临到我们身上，我们都可能驾驭不了。而当我们做足了一切的准备，当机会或成功来临的时候，我们便能够轻松驾驭。这才是一个人真正的本事。

我还是相信一个人的成功，三分靠机遇，七分靠努力。当自己无所事事、不思进取的时候，别人再有能耐，也很难帮得上忙，甚至别人都不屑于帮我们的忙。而当我们自己努力进取，在哪里都闪闪发光的时候，即使是未曾谋面的陌生人，遇到了我们，他很可能都愿意拉我们一把，助我们一臂之力，拯救我们于水深火热之中。这就是一个人真正的好运气，也是一个人所谓的机遇。

美国散文作家、思想家、诗人爱默生说：一个朝着自己目标永远前进的人，整个世界都给他让路。这句话乍看也许人们会觉得有些言过其实，但是，一个人当他很专注地投入时间和精力去做着一件事情的时候，他的身边便会聚拢着很多对自己有利的人脉和资源，当这些人脉和资源有一天被有效整合在一起，实现目标的可能性就会变得越来越大。我想，这大概是爱默生先生写下这句名言时真正的初衷吧。

永远不要怪罪别人不帮忙，任何时候，我们都应该明白，真正能够救自己的那个人就是我们自己。

在生活的缝隙里修剪自我

别人拥有的,你不必羡慕,

只要努力,你也会拥有;

自己拥有的,你不必炫耀,

因为别人也在奋斗,也会拥有。

爱自己，
你会更快乐

那些看着没心没肺的孩子，并非他们没心没肺只是在掏心掏肺以后，换来的撕心裂肺，所以他们学会了伪装。痛过，才知道如何保护自己；哭过，才知道心痛是什么感觉；傻过，才知道适时地坚持与放弃，每一个勇敢的孩子，都在含着泪成长！

[幸福这座山，原本就没有顶、没有头]

幸福是什么？幸福就是牵着一双想牵的手，一起走过繁华喧嚣，一起守候寂寞孤独；就是陪着一个想陪的人，高兴时一起笑，伤悲时一起哭；就是拥有一颗想拥有的心，重复无聊的日子不乏味，做着相同的事情不枯燥，只要我们心中有爱，我们就会幸福。幸福就在当初的承诺中，就在今后的梦想里。

一个人总在仰望和羡慕着别人的幸福，却发现自己正被别人仰望和羡慕着。幸福这座山，原本就没有顶、没有头。不要站在旁边羡慕他人幸福，其实幸福一直都在你身边。只要你还有生命，还有能创造奇迹的双手，你就没有理由当过客、做旁观者，更没有理由抱怨生活。你寻找到幸福了吗？

幸福不是你房子有多大，而是房里的笑声有多甜；幸福不是你开多豪华的车，而是你开着车平安到家；幸福不是你的爱人多漂亮，而是爱人的笑容多灿烂；幸福不是在你成功时的喝彩多热烈，而是失意时有个声音对你说：朋友别倒下！幸福不是你听过多少甜言蜜语，而是你伤心落泪时有人对你说：没事，有我在。

如果彼此出现早一点，也许就不会和另一个人十指紧扣。又或者相遇的再晚一点，晚到两个人在各自的爱情经历中慢慢地学会了包容与体谅、善待和妥协，也许走到一起的时候，就不会那么轻易地放弃，任性地转身，放走了爱情。没有早一步也没有晚一步，那是太难得的缘分。

[人生，没有永远的爱情]

爱情是一点动心，爱情是一种默契，爱情是一种巧遇，爱情是一个约定，爱情是一句誓言，爱情是一个憧憬，爱情是一种执着，爱情是一种忠诚，爱情是一种守望，爱情是一缕思念，爱情是一丝惆怅，爱情是一声叹息，爱情是一种哀怨，爱情是一种痴迷，爱情是一种怀念！

人生，没有永远的爱情，没有结局的感情，总要结束；不能拥有的人，总会忘记。人生，没有永远的伤痛，再深的痛，伤口总会痊愈。人生，没有过不去的坎，你不可以坐在坎边等它消失，你只能想办法穿过它。人生，没有轻易地放弃，只要坚持，就可以完成优雅的转身，创造永远的辉煌。

在爱情没开始以前，你永远想象不出会那样地爱一个人；在爱情没结束以前，你永远想象不出那样的爱也会消失；在爱情被忘却以前，你永远想象不出那样刻骨铭心的爱也会只留下淡淡痕迹；在爱情重新开始以前，你永远想象不出还能再一次找到那样的爱情。在爱情没开始以前，你永远想象不出会那样地爱一个人；在爱情没结束以前，你永远想象不出那样的爱也会消失；在爱情被忘却以前，你永远想象不出那样刻骨铭心的爱也会只留下淡淡痕迹；在爱情重新开始以前，你永远想象不出还能再一次找到那样的爱情。

简单，最美，平凡，最贵。

人生有三样东西是无法挽留的：生命、时间和爱。你想挽留，却渐行渐远。人生最痛苦的，并不是没有得到所爱的人，而是所爱的人一生没有得到幸福。离开的你，我等不回来；失去的爱，我找不回来；纵然一切已成过眼云烟，我依然守候在这里，直到看见你得到幸福，我再转身，微笑着，静静地走开。

生活就是理解，生活就是面对现实微笑。生活就是越过心灵的障碍，平静心性，淡泊名利。生活就是越过障碍注视将来。生活就是自己身上有一架天平，在那上面衡量善与恶。生活就是知道自己的价值，自己所能做到的与自己所应该做到的。生活就是通过辛勤的双手，创造给力的幸福！

一个人一眼能够望到底，不是因为他太简单，不够深刻，而是因为他太简单，太纯净。这样的简单和纯净，让人敬仰；有的人云山雾罩，看起来很复杂，很有深度。其实，这种深度，并不是灵魂的深度，而是城府太深。这种复杂，是险恶人性的交错，而不是曼妙智慧的叠加。简单，最美！

假如有一天你想哭，打电话给我，不能保证逗你笑，但我能陪着你一起哭；假如有一天你想逃跑，打电话给我，不能说服你留下，但我会陪着你一起跑；假如有一天你不想听任何人说话，call me，我保证在你身边，并且保持沉默；假如有一天我没有接电话，请快来见我，因为我可能需要你！

听着你哭的时候，其实我感觉自己在流着血。毕竟曾经相知，又不容易的相爱。与时间赛跑的日子，你自己会觉得累，我自己一个人的时候也是如此。所以我们现在选择共同去迎接新的一天，不只是会去想和你共同地迎接新的一天，并会去做。只是现在我不知道该怎么继续地去面对你，因为你选择了相信自己的感觉。

[心放开一点，一切都会慢慢变好]

　　最使人疲惫的往往不是道路的遥远，而是你心中的郁闷；最使人颓废的往往不是前途的坎坷，而是你自信心的丧失；最使人痛苦的往往不是生活的不幸，而是你希望的破灭；最使人绝望的往往不是挫折的打击，而是你心灵的死亡；凡事看淡一些，心放开一点，一切都会慢慢变好！

　　你改变不了环境，但你可以改变自己；你改变不了事实，但你可以改变态度；你改变不了过去，但你可以改变现在；你不能控制他人，但你可以掌握自己；你不能预知明天，但你可以把握今天；你不可以样样顺利，但你可以事事尽心；你不能延长生命的长度，但你可以决定生命的宽度。

　　乐观是失意后的坦然，乐观是平淡中的自信，乐观是挫折后的不屈，乐观是困苦艰难中的从容。谁拥有乐观，谁就拥有了透视人生的眼睛。谁拥有乐观，谁就拥有了力量。谁拥有乐观，谁就拥有了希望的渡船。谁拥有乐观，谁就拥有艰难中敢于拼搏的精神。只要活着就有力量建造自己辉煌的明天！

　　当明天变成了今天成了昨天，最后成为记忆里不再重要的某一天，我们突然发现自己在不知不觉中已被时间推着向前走，这不是在静止的火车里，与相邻列车交错时，仿佛自己在前进的错觉，而是我们真实地在成长，在这件事里成了另一个自己。

[痛过，才能够成长]

痛过，才知道如何保护自己；哭过，才知道心痛是什么感觉；傻过，才知道适时地坚持与放弃；爱过，才知道自己其实很脆弱。其实，生活并不需要这么些无谓的执着，没有什么就真的不能割舍。

一个人时不喧不嚷安安静静；一个人时会寂寞，用过往填充黑夜的伤，然后傻笑自己幼稚；一个人时很自由不会做作，小小世界任意行走；一个人时要坚强，泪水没肩膀依靠就昂头，没有谁比自己爱自己更实在；一个人的日子我们微笑，微笑行走微笑面对。一个人很美很浪漫！一个人很静很淡雅。

明白的人懂得放弃，真情的人懂得牺牲，幸福的人懂得超脱。对不爱自己的人，最需要的是理解、放弃和祝福。过多的自作多情是在乞求对方的施舍。爱与被爱，都是让人幸福的事情。不要让这些变成痛苦。

在成长的路上，我们跌跌撞撞，哭哭笑笑，忙忙碌碌看人生匆匆，我们留下了什么又得到了什么？也许，在某一天，我们会让生活折磨得麻木不仁，但当我们走过了欢笑、泪水、孤独和彷徨之后，便会发现：还有这样一份永恒的感情，叫我们明白——有爱，就有幸福！

[爱自己，你会更快乐]

我们总会在不设防的时候喜欢上一些人。没什么原因，也许只是一个温和的笑容，一句关切的问候。可能未曾谋面，可能志趣并不相投，可能不在一个高度，却牢牢地放在心上了。冥冥中该来则来，无处可逃，就好像喜欢一首歌，往往就因为一个旋律或一句打动你的歌词。喜欢或者讨厌，是让人莫名其妙的事情。

缘分是件很奇妙的事情，很多时候，我们已经遇到，却不知道，然后转了一大圈，又回到了这里。一切的一切都是机缘，抑或是定数。所以，我们生命中所遇到的每个人，都应该珍惜，因为你不知道这种短暂的相遇会因为什么戛然而止，然后彼此阴差阳错，再见面，却发现再也回不到过去，这将是多么可怕的事情。

我们，不要去羡慕别人所拥有的幸福。你以为你没有的，可能在来的路上；你以为她拥有的，可能在去的途中。有的人对你好，是因为你对他好；有的人对你好，是因为懂得你的好。成熟不是心变老，而是眼泪在眼睛里打转，我们却还能保持微笑；总会有一次流泪，让我们瞬间长大。

亲爱的自己，不要抓住回忆不放，断了线的风筝，只能让它飞，放过它，更是放过自己；亲爱的自己，你必须找到除了爱情之外，能够使你用双脚坚强站在大地上的东西；亲爱的自己，你要自信甚至是自恋一点，时刻提醒自己我值得拥有最好的一切。

有个懂你的人，是最大的幸福。这个人，不一定十全十美，但他能读懂你，能走进你的心灵深处，能看懂你心里的一切。最懂你的人，总是会一直地在你身边，默默守护你，不让你受一点点的委屈。真正爱你的人不会说许多爱你的话，却会做许多爱你的事。

每个人骨子里都有这样的情结：想拥有一个蓝颜知己或是红颜知己，既不是夫，也不是妻，更不是情人，而是居住在你精神领域里，一个可以说心里话，但又只是心灵取暖而不身体取暖的人。在你受伤时，第一时间会想起他／她，是你一本心灵日记，也是你生命中一个最长久的秘密。

别人拥有的，你不必羡慕，只要努力，你也会拥有；自己拥有的，你不必炫耀，因为别人也在奋斗，也会拥有。

  多一点快乐，少一点烦恼，不论富或穷，地位高或低，知识浅或深。每天开心笑，累了就睡觉，醒了就微笑。

怀揣梦想，别对现实妥协

阿木失眠了。我能清晰地听到电话那头，他在床上辗转反侧的声响，还有不由自主的叹息。

我知道，他刚刚度过了艰难的一天。大清早，家里来电话，说老爸血压升高，住进了医院；上午接到房东电话，催他三天之内交清房租，否则就要让他卷铺盖走人；他原本有一点积蓄，上个月老家的弟弟结婚，他都寄了回去，现在你要说他身无分文，好像也过分不到哪里去；想着这些，心神不宁的他下午跟着老板去参加一个项目的竞标，由他负责的一份重要文件竟然忘了带，老板的震怒可想而知；好不容易捱到下班，女朋友又因为一点琐事跟他甩脸大吵，到晚上了还在冷战……

"过完这一天，感觉像过了一辈子那么长。这日子，真是难熬！"阿木有些幽怨地跟我感慨，听得出他的惆怅和失落。

大学时的阿木，不是个悲观、爱抱怨的人，我们都不是。那会儿，我们常常在一起，不知天高地厚地憧憬将来，觉得人生真是充满了无限可能。

记得那年夏天，我们一起去草原露营，深邃浓重的黑夜将天地包裹得严严实实，我们并排躺在辽阔的大地上，枕着露水，嗅着草香。满天的星星从未离我们那么近，而且亮得耀眼。

"黑暗越重，星星就会越亮。"那晚，阿木说，我们的梦想就像这星星吧，只要用力闪，用力闪，总能穿透黑夜，让人看到。

那会儿，我们并非不知道生活多艰，只是没想到，一踏出校门进入社会，暴风雨就劈头盖脸地砸下来，叫人毫无防备、措手不及。

我们明明已经很努力了，却常常觉得人生充满了委屈；我们似乎每天都忙忙碌碌，却总是感觉收成微薄、囊中羞涩；我们真诚待人，却老被人算计、穿小鞋，你都不知道自己到底做错在了哪儿；加班加到快吐血，疲惫至极地搭上末班车，穿越城市的灯火阑珊回家，却依然找不到完全融入的归属感……

或许是被现实欺骗得太多，我们越来越诚惶诚恐、患得患失。我们被焦躁不安的情绪笼罩，脸上的笑容还在，可心底里的快乐却少了。

阿木，我担心你——哦，不，是担心我们，会就此向生活妥协，对困难屈服。如果锐气渐渐褪去，自信心一点点被消磨，我们还能活成自己想要的模样吗？

所以，你想过怎样的生活？是丰富热烈的，还是苍白凄惶的？你愿意对世界投降，从此颠沛流离，还是挣脱牢笼，勇往直前？

我想，你知道答案。

其实，日子哪里会真的过不下去呢？谁不是打败了一个个委屈，才能前行。同一片星空下，没有谁比谁更轻松如意。只是有的人哭了出来，有的人默默忍受罢了。人生的剧情一直在铺展，剧本已经摊开，结局会怎样，主动权在你手上。

阿木，我还记得你大学毕业后租住的第一间房子，在这偌大城市的城乡接合部，一溜红砖砌成的平房中，一间不到10平方米的"漏室"，到处是雨水渗漏的痕迹，窗条和铁床都锈迹斑斑，窗户连玻璃都没有，你拿了报纸糊上。那天我去看你，惊讶你怎么能在这样的地方睡得如此安稳。

你倒云淡风轻地回答，这里清静，少有人来打扰，下班回来正好可以安静地复习考研……而一抬眼，透过破烂的窗户，就能看到天上的星星，你说，你跟它们一样，虽然身在暗夜里，但也一直在闪一直在闪啊……

后来，你真的考上了研究生，是你从小就梦寐以求的那所大学，学了你最爱的专业。然后，你换了一份更加体面的工作。你依然保留了每天晚上睡前看书的习惯，又爱上了周末户外徒步，想让自己的生活更加健康，更有品位。

你看，我们常常以为自己就要撑不下去，可是，再坚持一下，再忍耐一下，不都挺过来了吗？

说到底，因为我们都清清楚楚地知道，虽然面对浩瀚的星空，我们是如此卑微，可那又怎样？庸碌平凡，也挡不住我们用尽全力发出一点微光。因为我们相信，看上去再怎么不堪的生活，也总会留一扇门给对它抱有希望的人。

想到这里，我给阿木发了一条微信："你还记得露营草原那晚上的星星吗？你说，黑暗越重，它们才会越亮。"

我收到他回复："不要放弃闪耀，即使在最幽暗的黑夜中……"

晚安，阿木！

晚安，还怀揣梦想、不曾对现实妥协的你！

努力到让自己不被更强大的人怜悯

[1]

请不要怜悯别人苟且的人生，你的人生也高贵不到哪里去。

和朋友去吃饭，邻桌的一个衣着光鲜的女人，对着一个端盘子的女服务人，指指点点：年纪轻轻，就干端盘子的活，生活在最低端，蝇营狗苟。

言语之中，满是不屑。

但是当我看到这个女人，为了拉一个单子，各种谄媚敬酒，和甲方言语暧昧。我也没觉得她的人生高贵到哪里去。

人生，各有各的苟且，只是大多的时候，人们只看到了别人的苟且，而忽略了自己的轻贱。

[2]

请不要怜悯别人的贫穷困顿，你何曾开着宝马。

一个人给乞丐丢了一个硬币，说："你好可怜。"

乞丐抬头不以为然地说："你也好可怜。"

"我哪里可怜了，我没有沦落到要饭的地步。"

乞丐笑着说："我猜你一定还没有自己的车，而且房子还是租的，难道你不可怜吗？"

　　财富的多寡，不是评判一个人可怜的标准，正如这个乞丐，虽然需要依靠乞讨生活，但是他的心态是阳光的，是乐观的，每天都乐呵呵的，所以他并不可怜。而有些人，虽然富可敌国，但是心若阴暗，那么他才是需要被怜悯的那个人。

[3]

　　请不要怜悯别人的孤独漂泊，你的心何曾安放。

　　朋友C说，她又被逼婚了。各种八竿子打不着的人，都会讲述一遍身心体会和人生感悟，恨不得将朋友C赶紧找个人给嫁了。

　　如果若以为找到了伴侣，就意味着不孤独，不漂泊，那就真的错了。如果真的是这样的话，恐怕就不会有迷恋赌局，酒局，婚外恋的人了。当然，还有一些是有贼心没贼胆的。如果再给别人建议的时候，先问问自己的心，是不是得到了安放。

　　你若强大，何时何地都有心灵停泊的港湾；你若愚昧，无论身边有多少人，都注定漂泊。

[4]

　　请不要怜悯别人的落落寡合，你所谓的朋友何曾经得起共患难！

　　有些人会对一些落落寡合，俗称不合群的人，施加怜悯，认为这些人的人生太过无趣，不如自己两天一小喝，三天一大喝来的热闹。

　　其实，真正的朋友，是在你需要帮助的时候，愿意伸出手的。

更何况，友情，同学情，是需要珍惜的，而不是拿来肆意挥霍的，再好的感情，也经不住苍白无意义的多次消耗。

[5]

如果试图怜悯别人的时候。

请思考一下，为什么要怜悯别人。

[6]

如果只是想通过怜悯，找一点优越感，那么就请不要施加这种毫无意义的怜悯了，因为对方看得出来，而且会对别人造成伤害。

同时，切不要自以为自己的优点就是别人的短板，殊不知，大多的时候，真正深刻的人，是不显山，不露水的。

[7]

如果只是说说而已，并不打算施加什么实质性帮助的话，那么就请闭上你的嘴，因为别人听得出来。

人们需要的不是菩萨慈悲式的怜悯，而是有实际的帮助，如果不打算行动，就请不要开口，因为这不是真的怜悯，只是喜欢对别人的伤口评头论足而已。这样的怜悯，不能证明你的慈悲心，反而证明了你的恶毒。

[8]

如果你真的是个慈悲的人,那么就去做一些力所能及的事。

和善地对待服务人员。

和善地对待扫马路的大妈和大爷。

和善对待你身边的人。

其实,大多时候,让自己不被更强大的人怜悯就够你奋斗一生了!

穷时是人生最宝贵的升值时机

[1]

"穷人的孩子早当家。"

这是我小时候，大人们常念叨的一句话。

亲戚、邻居也经常这样委婉地表扬我：这孩子真懂事，才几岁就帮家里干活；这么小就知道给家里省钱了；将来肯定有大出息……

诸如此类的吧，但在当时来看，我很享受这样的夸奖，于是，我就更加努力地学习，拼命地做个好孩子，会发光的孩子。

这仿佛是一个怪圈，你变得越好，荣耀加持得越多，你就越是不敢犯错。

哪怕这种错误是被动的，可原谅的。

小学六年级单元测验，当时我发烧，考了个第六名，畏畏缩缩地不敢回家，因为，我最差的时候也是第三名。

我很怕，怕丢人，怕再也听不到别人的夸奖。

其实，在几十个人的班级里，第六名依然是很好的成绩，尤其还生了病。

之所以会这样，是因为我一直把别人的赞许当成奖赏给自己的糖果。我讨厌做家务，也想和其他孩子一样，买些漂亮的小玩意。

但是不行，孩子和穷人家孩子是两个物种。

你得时时刻刻提醒自己，假装出我没钱、可我很上进的姿态给人看。

当然，那很累。

[2]

有一次，班上一个女同学过生日，我们几个人一起去庆祝。

快到地方时，一个小伙伴提议，每人摊20块，就别让女生花钱请客了。

于是，我假装肚子疼，带着一种世界将灭的心痛感跑回了家。

那天之后，我就总觉得像是欠了她很多一样，越走越远，越来越疏离，直到毕业时，她送了我一本笔记本，我才知道。

原来，她从未放在心上。

这样的事太多太多，比如同学在出租车上招手说，下这么大的雨，快上来一起走吧。要么摇头等雨停，要么下车时忍着心痛付掉自己那一半。

而其实，他只是想捎着你。

再比如和同学吃午饭，如果是他花的钱，那一定会尽快找个机会，再请回来。

那是一种匪夷所思的自尊心，几近于病态。

因为穷，所以不想，也不敢欠人情。

而这种自尊心的建立和坍塌，通常只发生在一瞬间。

[3]

就这样上了初中，以为"书中自有黄金屋"，但现实总会敲边鼓，告诉你，这条路行不通，告诉你，那条路也艰难。

中考前，家庭变故，遭遇经济问题，我主动辍学，并离家出走，因为我不够有勇气跟家里人说，我不想读书了，所以只能走极端。

于是，出走一周以后，我成功错过了考试。

我想读书考大学，做梦都想，可同时也意识到，自己是家里的负担了，那只好放弃。因为，我是个懂事的孩子啊，从小就被人这么夸。

可长大后我发现，这是一个致命的错误。这是用牺牲未来，来改变现状。

穷时候，人的悍勇和愚蠢，是常人无法理解的。

最常见的，透支身体去换钱。

再后来，就走向社会了，开始打拼，大约有那么几年，什么苦都能吃，几块钱都要精算着花，到最后发现，也没有积攒多少。

所幸的是，遇见了贵人，他说的话不多，但我都记在心里了：

如果你的钱放在口袋里，那就是纸。

普通人的思路，会用来学点什么技术，将来可以赚更多；再聪明一点的呢，用来投资，做生意也好，开店铺也罢，能用钱来生钱；绝顶聪明的呢，不需要自己有钱，他们用别人的钱赚钱。

他说穷人之所以最后还是穷人，不是能力问题，是思维问题。

后来，我去了上海，不再攒钱，然后把每赚的一分，都利益最大化，从最小买卖做起，到后来开公司，吃过些辛苦，但很满足。

穷人，很多时候，只是自己不敢尝试，因为害怕，怕不但赚不到，反而把本钱也赔进去。

励志案例参考史玉柱，他最惨的时候，负债天文数字，也没有被击垮。而你，充其量，再做回一个穷人。

当然，后来我有钱了，所以，也敢花敢干了，东西都用最好的，再也不用买地摊和山寨货了。朋友说这个项目能赚更多钱，好，那就投资。

所以，你猜得到的，我又穷了，不但如此，还负债累累。

很多时候，或者是所有时候，穷人就是这样，突然的暴富不是幸福，而是灾难。

因为，你只学会了赚钱，还没学会花钱。

追根问源，就是穷孩子思维。我二舅爷就常念叨：

穷人莫得利，得利就得灾。

要改变这种思维，有几点心得做个分享：

1. 自卑

这是最常见的，案例太多。

但你必须克服，古人都说：莫欺少年穷。

如果你才二十几岁，穷不可耻，可耻的是，不敢承认。

2. 虚荣

我只说我一个远房表弟，在我最有钱的时候跟我吃饭，每餐都抢着买单结账。

很简单，怕被人瞧不起，所以急于表现自己。那句话怎么说来着，缺少什么就标榜什么，害怕什么就掩饰什么。

真实一点，不会被人笑话，装，才会被人耻笑。

3. 不敢求助于人

求人不是占便宜，某种意义上，是资源的互换。

并且，有一天你会发现，你求助的人，会成为你很好的朋友，而彼此从未所求的，心里总像隔着点什么。交不透。

4. 不会花钱

这个请参考我的案例。补充一点的是，如果做个总结，你会发现，你的钱，大部分花在了可有可无的东西上了。

5. 抗打击能力差

瞻前顾后，患得患失，我只说一句话，最穷不过要饭。

遇到挫折，就想这句话，然后把头抬起来，腰挺直，用富人的气势做穷人。当然，不是吹牛，而是一种信念。

请相信它是有感染力的，颓丧、逃避救不了你。

6. 越穷想得越美

典型的屌丝精神，具体事件体现在谈恋爱上。明明什么也没有，却总是许下各种承诺：好房好车、夏威夷的婚礼、蒂凡尼的钻戒。

醒醒吧，少年，展望和做梦是两回事，务必脚踏实地。

别让你的许诺变得越来越廉价，总是失信于人。

7. 你总会有钱的

"三穷三富过到老。"

所以，别拿金钱作为衡量人生价值的唯一标准。

你要记住，金钱货币是人制造出来的，永远为人服务，而不是做它的奴隶。

贫穷的时候，往往是人生最宝贵的升值时机，只要挺得住，不懒惰，不自暴自弃，肯努力，是真的努力，不是喊口号。

那么，你的人生观、价值观、世界观，都将得到完美重塑。

你的性格、能力、眼界、胸怀，将无限提升。

你只看到光鲜的表面，却没看到背后的伤口

[1]

又一个朋友得了抑郁症。

这两年，得抑郁症的朋友特别多，他们心中苦闷，不知道该跟谁说时，就会来找我。

这个朋友也是如此，她是我在上海工作的时候认识的朋友，在我的印象中，她是一个活泼开朗的人，朋友圈虽然发消息不多，但也偶有晒美食或自拍，就连转发，也基本都是些鸡汤或情感类的东西。

我一直以为她生活得很好，却不料，她突然告诉我，已经难过到快要支撑不下去的地步了。她年龄不小，事业进入瓶颈期，升职无望压力却一如既往。好不容易在大城市买了房，把父母接来同住，却不料，他们整日唠叨，不停催婚，给了她很大的心理负担。她自问条件不错，却并没有可以随时结婚的男朋友，她烦透了像现在这样，每一年都要强迫自己出去应酬无数次，认识不同男人，和不同的人吃饭、试探他们，以求查看他的人品、家世、性格，看能不能把自己嫁出去。

对生活越来越厌倦，感觉每天都要支撑不下去，却还在苦苦支撑……我和她刚聊一会儿，就感觉情况不妙，她不仅仅是"内心苦闷"，而是悲观情绪蔓延，无法自控。我给她发了一张抑郁症测试表格让她填。填完发

来看，大吃一惊，焦虑值和抑郁值都严重超标，到了该咨询专业心理咨询师的程度。

[2]

一个土豪朋友，事业做得非常好，本人性格也幽默开朗。有一天晚上，突然给我发微信，让我给他推荐几本书看，最好是小说，能打发时间的。

我向来早睡，看到消息时，已是第二天早上六点钟了，我看他发消息的时间，是夜里三点钟。我顺手敲了几个书名发过去，没想到，他秒回了。我问他，晚上睡了几个小时，他告诉我，也就两三个小时。

我打趣他说，最羡慕你们这种每天只用睡两三个小时就足够的多血质人才了。你们的时间，平白就比我们多了好几倍，能多做多少事情呀！

他苦笑，怎么可能？只是最近心里苦闷睡不着罢了。

我本来以为，跟他正在做的生意有关。他却说，主要是家庭问题。他的妻子，自从他生意做大之后，就再也不肯出去上班了。每日在家买买买，他回到家时，看见到处堆的都是快递盒子，心里就很不舒服。提醒过两次，可惜她现在唯一的乐趣就只剩下这个了，于是只好把不满压在心里，没有讲出来。

不仅如此，他有时候工作中遇到些问题，想跟她聊一聊，她却没有兴趣参与他的话题。或者，经常把他真正想聊的事情带偏了去，几次之后，他就失去了继续聊天的欲望。

那天晚上，他失眠了，本来想跟她说说话，可看着她熟睡的脸，听着她轻微的呼噜声，突然发觉，枕边的这个人和他的距离那么远。就想着，干脆找本小说看一看，打发下时间好了。

[3]

我前些天带孩子去涂鸦班，在外面等待时，认识了个小朋友，只有十岁。她跟我聊天，告诉我，她最恨爸爸了，因为爸爸老是取笑她。

爸爸总是说，她皮肤太黑，像煤炭一样。爸爸说，她头发太黄，一脸苦命相。爸爸还说，她长得难看，学习也不好，只怕将来很难嫁出去……

爸爸说的这些难听话，简直不像是亲爹说的。我忍不住问她，是亲爸爸吗？她说是。

我问为什么会这样对她？她爸爸傻吗？

她告诉我，他不傻，他只是更爱弟弟。

我们正聊着天，她妈妈带着弟弟出来了，那是一个跟我儿子差不多大的小男孩，被妈妈拉着，皮肤也很黑，头发也很黄。可我想，他在家里应该没有受到过那种被歧视的待遇吧！

她看见妈妈来了，脸上的表情变了，从愤怒变成了欢快，她跑过去，紧紧拽住妈妈的另一只手，依偎着，跟我说拜拜。

她靠在妈妈的胳膊上，不时抬头看她妈妈的表情，她妈妈笑的时候，她也跟着笑。她妈妈不笑的时候，她的表情就有些紧张。我看着只觉心酸，这么小的孩子，心里就充满了憎恨，本该无忧无虑，却过早地学会了察言观色。

我忍不住心想，她妈妈知道她是这样的吗？知道她有一个孤苦无依的灵魂吗？

想必是不知道的吧！她应该很爱自己的孩子，若是知道因为伴侣的态度问题，让亲生女儿心中充满仇恨，对母亲加倍依赖，只怕是会心疼的吧！

[4]

我有个朋友，嫁了有钱人，喜欢在朋友圈秀恩爱，说她老公又给她买了什么，做了什么之类的。

我一直以为她非常幸福，直到有一天，跟一个共同的朋友聊天。那个朋友吐槽说，嫁入"豪门"的她，朋友圈并不是发给我们看的，而是发给她老公看的。她需要不停在公众场合提到她老公，并对他表示感谢来维持夫妻和谐的假象，从而保证自己的地位。而实际上，她的零用并不多，和朋友一起吃饭，只要稍微贵一点，就不敢买单，ＡＡ都不敢。她要随时跟老公汇报她的行踪，而老公的行踪，她是不能过问的，一问，他就会发脾气。

朋友说，如果你同时关注了他们夫妻俩，你会发现，她老公连赞都不给她点。

听朋友这样说了，再看她的朋友圈，看法就不一样了。总感觉那虚假繁荣的背后，隐藏着的是旁人无法理解的孤独和落寞。

不知道这样的生活，是否让她甘之如饴。

[5]

我有时候走在街上，看到一些人面无表情匆匆走过，心里会想，他此刻在想什么呢？是否已把个人感受屏蔽到忙碌的生活之外？他的精神生活，自己一个人能搞定吗？他有十分依赖，却总感觉把握不住的感情吗？他是否一直在付出，而收获却总是不够明显？

人类其实是最擅长伪装的动物。你和他打交道不多时，从他偶尔的言谈里，并不能了解他是否快乐。就连每天都生活在一起的两口子，也很容易"灯下黑"，只顾自己的情绪，而忽略了对方的感受。

我的生命里，有很多我特别在乎的人。有时候我只要一想到，如果哪一天因为我的粗心或强势，让我身边的人感觉到孤单，就觉得特别害怕。

我曾经自以为是地说过，那些太容易跟我生气的人，都是不重要的人。心里却知道，根本不是这回事。有些人我得罪得起，因为他们不重要。而有些人，我得罪不起。

那些我爱着的人，一旦得罪，他们可能会把本来向我开着的心门，紧紧关闭。那时候，我就算是想爱他们，也未必有资格了。

越是在乎，越该小心翼翼。越得罪不起，越如履薄冰。只有这样，才不会在将来的某一天，让自己也变成那个表面热情开朗，内心千疮百孔的人。

绝交要趁早，真情等不及

国企某哥们讲拉黑了一个"朋友"。他说当年在学校做辅导员的时候他就对某个社团照顾有加，谁想这个社团的负责人一直看不惯师兄，不过面子上也算过得去。这位师兄一直希望通过努力或者善良等等打动这负责人，结果这脆弱的友谊始终伴随着这位负责人的时不时对此哥们的冷嘲热讽。终于，某次负责人对此哥们留言出言不逊，这哥们把他训斥一番，然后拉黑。听到他当年希望让此"渣友"体谅认同而付出的努力，再看他拉黑此"渣友"时候兴奋的表情，让人不胜唏嘘。

一姐妹和某闺蜜"分分合合"好几次了。原因就是此闺蜜有个男朋友，闺蜜和闺蜜男友经常吵架。每次吵架都要分手，闺蜜都过来找这姐妹，姐妹就跟闺蜜一起吐槽此男友如何"渣男"。结果没过多久闺蜜和男友复合，男友就反感此姐妹，然后闺蜜就跟着男友走了且疏远此姐妹。之后闺蜜和男友又闹分手，此姐妹又张开怀抱，又跟闺蜜一起吐槽，谁料闺蜜又回到男友怀抱。诸如此类，循环往复。后来此姐妹一怒绝交，感慨："一直以为丧失个朋友会很痛苦，原来和矫情的贱人绝交是这样的爽啊！"

某师兄颇有才气，一度红遍社交网络。某次网络发文章被大家骂得狗血喷头，很多人都涌过来骂他。个别小人一直坚持黑他。他也没怎么理会，某位一直黑他的"贱人"竟然找他帮忙宣传某东西，被师兄当场回绝。后来，另一位创业的同学向师兄求助帮忙宣传，提出股权分红等等。师兄回答："老弟我不要你什么分红，不过这事死帮到底，当年我人被骂成狗，你替我站出来说过话。不帮你我帮谁。"是啊，想想那个坚持黑师兄的贱人，这位关键时刻挺身而出的师弟当然要力挺一下。

对于友谊，我们从小接受的教育就是"包容""忍让""胸襟""气度"等词汇。仿佛这是一个只有退让和妥协才能获得与维系友谊的世界。关于待人接物的标杆都是某禅师劝某少年要"唾面自干"，或者耶稣告诉世人"打你左脸要给右脸"之类的经典社交案例。仿佛你牺牲越大，忍让越多，你就越值得拥有高质量的友谊，越匹配更广大的朋友，你的人格就越伟大，你的胸怀就更宽广。

然而我们把人性中的美好过分夸大了。现实告诉我们，小时候的意识灌输很多都建立在高度理想化的社会基础之上。就像从小我们被教育"见到弱者要给予帮助"，但是事实上我们长大后发现很多人利用我们的善良和真诚不断做着欺骗和伤害我们的事情。无论我们给予街头伪装成乞丐的骗子们多少援助，他们都不会感激，而会嘲笑和谩骂我们的善良和真诚。比起"帮助弱智受到欺骗"，我们灌输了不仅有善良、真诚和爱心，还有友谊、情感和希望的"给予朋友的帮助却没有好下场"更让人心寒甚至绝望。

我们不是怕"被欺骗"，而是怕"被谁欺骗"；我们不是怕"被伤害"，而是怕"被谁伤害"。比起被陌生人偶然伤害，被寄托了美好期待的友谊间的反复捅刀子简直让人生不如死。与其说这会让我们对某个人伤心欲绝，毋宁说这让我们对自己对人生产生怀疑："我怎么就瞎了眼""我怎么会遇上这种人""以后的社会是不是总是充满这种人"等问题抛向自己。一段段烂友谊就这样被我们各种"包容""忍让""溺爱"而茁壮成长，成长到割我们的心，拆我们的骨。

包容不是贱，体谅不是傻，有胸襟不是没底线，大肚量不是无原则。当我们面对一份对我们已经造成了伤害，甚至是持久伤害的朋友关系，我们就要正视它的修正方向和存在意义。我们与其唯唯诺诺，妥协退让，将这份关系造成的伤害放任自流，不如坦荡如砥，直抒胸臆，向寄托了我们期待和情感的朋友开诚布公，敞开心扉。比起憋着郁闷，内伤连连，说出来不仅利于自身开心，也利于问题解决，更利于友谊长存。

如果我们的真诚能够换来体谅和理解，或者加强我们的体谅和理解，从而让这段友谊向着平等共赢的方向前进，这就是一段高质量的友谊，一段可以继续被建设和期待的友谊。反之，如果我们的坦诚和善良换来的是冷漠、嘲讽，甚至变本加厉的伤害，那么这段关系就不配冠以友谊的字眼，眼前的这个傲慢自私的人就不配以朋友待之。与其为了一个漠视感情、自负阴冷的人而付出真心且伤痕累累，不如果断抛弃渣友，投身高质量的友谊中——绝交要趁早。

持久的退让和无限的包容最终结果只会让对我们冷漠又伤害的人放任自流，让我们越来越不堪重负，最终我们还是会因为不能承受伤害和冷弃之重而逃离这段冷酷关系，或者因为我们的利用价值消耗殆尽而被渣友打入冷宫，弃若敝屣。回望我们为了挽留一个渣友或者维系一段烂友谊而付出的无尽的妥协和退让、隐忍和崩溃，最终还是烟消云散了。所以，与其被伤害连连最终还是被抛弃，倒不如果断跟渣友切割，大路朝天，各走半边，趁着伤害小又短的时候赶紧绝交，投身值得付出的情感中。

有人说："这不好，你太狭隘了，太自私了，你怎么能只考虑自己不考虑朋友呢？"我想问，什么叫狭隘，什么叫自私？坦陈自己的底线，坚守自己的原则，为了避免受伤而疏远无视朋友感受的人，这就叫自私和狭隘？我还想问，什么叫只考虑自己不考虑朋友？且不说友谊之中该平等对待，互相尊重，即便是从单方面受害者的角度而言，当把心中所想和无奈都饱蘸真情和期待向渣友倾诉过后，换来的还是一次次无休止的伤害，这就是所谓"考虑对方"？

孔子说："以德报怨，何以抱德？"毛主席讲："人不犯我，我不犯人。"天主讲"爱"；佛陀推"忍"，还有护法天龙八部。泼妇骂街，你堆脸谄媚，让朋友怎么帮你；仇家砸门，你倒杯热水，让恩公怎么想你。对爱人那么苛刻，任贱人如此矫情，哪个干洗店给你惯出来一身欠熨的褶子？我们对待渣友的"溺爱"，何尝不是对真朋友的"凌辱"？我们对待贱人的"偏心"，如何不是对爱我们的人的一种"冷酷"？

一切热脸贴着冷屁股都是耻辱的和罪恶的。我们对渣友如果全心全意，毫无原则，那么让我们拿什么来对待真正爱我们、关心我们的真朋友呢？我们这样伤害他们爱着的我们自己，我们考虑过真朋友们的感受，在乎过真朋友们的想法吗？在这个真情稀缺的世界，我们本该在值得花销感情的地方马不停蹄，有那哄渣友开心而不得不忍受他们奚落自己衣着的时间，不如去帮真朋友取一下快递；有花在帮渣友抄作业失误而被渣友训斥的精力，倒不如去陪真朋友逛街消解愁闷。我至今还记得当年给了一个冒牌乞丐十元钱时，旁边每天起早贪黑熬夜捡废品的老奶奶那委屈的眼神。

人生格局从来不是用委曲求全撑大的。对劣等友谊的果断放弃和对高质量友谊的坚持不懈有着一样的人生意义。让你生活在委屈和痛苦之中的也绝对不是朋友，这种劣质的社交关系也绝对配不上友谊。面对伤害和欺凌，坦荡真诚，毫不回避已经是我们能够做到的最好。过分包容和退让，对自己是一种伤害，对贱人是一种放纵，对爱自己的人也是一种伤害，对黑自己的人是一种鼓励。永远不要忘记孔子的那句话："以德报怨，何以报德？"。

有些时候我们就是考虑太多，幻想太多，瞻前顾后，畏首畏尾，总觉得丧失了这个那个"朋友"好可惜，我们就该"包容忍让"。这种对友谊的态度本身是没有问题的，但是我们选择的对象可能错了。我们对人付出真心没有任何问题，问题是不是所有的东西都是人。跟贱人切割非但不会有痛苦和伤感，反而会让你不堪重负的精神空间豁然开朗——绝交要趁早，真情等不及，将倾注给伤害我们的渣友的时间和精力集中于爱那些爱我们的人，是一项颠扑不破的友谊原则。

　　对黑自己的人嬉皮笑脸，对爱自己的人吹胡子瞪眼，不仅是脑残，而且是贱人。不做贱人，只做爱人。我们每个人精力有限，时间有限，真情更有限。远离对渣友一切幻想，投奔真朋友点滴感恩。将一分钟留给渣友，都嫌多；将一辈子献给朋友，都嫌少。

所有的痛苦都是你宝贵的财富

今年年会，公司选择集体去泰国普吉岛旅行。我已经去过泰国很多次，所以这次去的目的很明确——考潜水证。

这是我第一次和那么多人一起出去旅行，因此有机会观察一下不同年龄人群的旅行方式。我发现，那些比较成熟的旅行者会根据自己的喜好，合理安排时间，选择感兴趣的事情去做；而大多数刚毕业的同事则会用各种当地旅游项目和购物把自己的行程安排得满满的，每天都拖着疲惫的身躯，或者拎着大包小包回酒店，然后第二天，天还没怎么亮就又开始了新一天的奔波。最后，问玩得怎么样时，他们的回答只有一个字：累。

之前，和一个朋友聊旅途中的故事时，她告诉我说，每次去迪拜，都会看到很多中国游客疯狂地购物，感觉这些东西都不要钱似的。她心想，这些人一定是第一次出国，上去一问，果不其然。她笑着和我说："这让我想到了自己，我头几次出国的时候也是如此，看什么都想买，但是出去多了就不会了。"

在普吉岛考潜水证总共需要3天时间，余下的时光，我便去咖啡馆看书，上酒店免费的泰语课，游游泳，打打台球，或者思考下一步工作以及个人发展相关的计划。坐在咖啡馆，惬意地喝着咖啡，看着路边行人时，我又想起了吴晓波在《所有的青春都是在为中年做准备》写的那段话："在这个中年的午后，你能够安心坐在立冬的草坪上喝一杯上好的单枞茶，你有足够的心境和学识读一本稍稍枯燥的书，有朋友愿意花他的生命陪你聊天唠嗑，你可以把时间浪费在看戏登山旅游等诸多无聊的美好事物上。这一切的一切都是有"成本"的,而它们的投资期无一不是在你的青春阶段。"

我不禁感慨:此时此刻,我能如此悠闲地看书,喝咖啡,何尝不是用青春时的投资换来的呢?我不去购物,是因为我曾经也像这些刚出国的年轻同事们一样买了大堆东西,然后发现大部分都是浪费,自己基本不用,慢慢地也就看清了人性中想要"拥有"的欲望。

我不选择出海体验项目,是因为在沙巴早已体验过,并且明白,若不懂得潜水,你是无法去体验和感受那个比水上风景美丽十倍的水下世界,还有那畅游在海底的乐趣。坐几个小时的车和船,甚至要经历晕车晕船的痛苦,只是为了看看碧水蓝天,并不是那么值得的一件事情。我不会把自己旅行的日程安排得那么满,是因为我曾经也被安排得满满过,最后发现这种走马观花,赶着要在有限的时间看更多、玩更多,把自己累得半死的旅游真的没有太多意义,质量远比数量重要。但是,我是不会去给这些年轻同事建议,告诉他们如何玩才能更加轻松和快乐,因为这是他们人生旅途中必须经历的过程。

在我看来,理想的生活状态莫过于,用自己的方式,过属于自己的生活。这句话听上去简单,真正要做到却并不容易。首先你得知道人生到底有哪些选择,其次你要明确自己真正想要的生活,最后你还需要有强大的内心来抵抗诱惑和被周围人同化的压力来守护真实的自己。因此,拥有足够的经历是迈向理想生活的第一步。这有点像去自助餐厅:第一次去的时候,我们一定会被琳琅满目的食物所诱惑,什么都想尝一下,直到把自己吃撑才离开。去得多了,尝试得多了,就会知道什么喜欢吃,什么不喜欢吃。最后,你能够忽略那些不想要的,选择自己喜欢的,然后悠闲地享受食物给你带来的乐趣。

每个人都要经历一个长期的试错阶段才会慢慢了解自己,这种试错成本是不可避免的。我在美国念MBA时选择的方向是金融,花费了两年的时间去学习专业知识，甚至都把CFA一级考完，结果发现金融并不适合自己，最后选择了移动互联网行业。对于之前MBA的选择，我不但不后悔，还挺感激有过这样的经历。在念MBA之前，金融对我来说，充满了神秘感，我很渴望知道金融到底学的是什么，整个行业又是在做什么。如果不去学习的话，这个心结可能会跟随我一辈子，甚至成为终身的遗憾。学完之后，我了解到金融不适合我，也就没有遗憾了。也许，很多时候的尝试只是为了明白，这其实并不适合自己，但正如这句话所说的一样：失败总比遗憾好。

我现在经常会收到一些年轻订阅用户的留言和邮件，要我帮忙解答一些工作、感情相关的疑惑。这样的消息和邮件，我一般都不回复，因为我也没有答案。每个人的选择和对人生的理解都不一样，这和过去经历了什么有关，经历越多，选择就越成熟。我做的选择不一定适合你，即使我知道什么样的选择可能更有利，你若没有相应的经历也无法理解。

学会独立，就是学会为自己的人生负责。人生的选择题必须自己去做，没有人比你更加了解自己，别人绝对无法代替。因此，不要害怕选错，也不要期待你做的选择是最合适的。在年轻的时候，你可能得走很多弯路，这是你人生交学费的阶段，每个人都要经历。这个阶段越早完成越好，二十多岁的时候，你拥有大把试错资本，因为成本不高；到了三十多岁，成家立业了，才突然觉悟，那就有点晚了，因为这时的你不仅仅只是对自己负责，而得要对整个家庭负责。

二十几岁的时候，千万不要花精力和时间去犹豫和纠结什么选择是最好的，因为没有人知道。有想法就大胆地去尝试：感受不同的生活，多尝试工作类型，多读书，多旅行，多谈恋爱，多结交朋友，把这些该交的学费都交了。如此一来，三十岁以后，你才有可能从容不迫地过自己想要的生活。

这个世界是公平的，付出就一定会有收获，尽管你现在可能看不到。很多人羡慕我现在的状态，可是知道吗，你们看到的只是现在的我，却看不到我背后经历的痛苦。从上大学开始，到开始工作，再到出国留学，最后选择回国，我都是在迷茫和困惑中度过。这十年，我一路折腾，在内心经历了许多无人理解的痛苦。我曾经也不停地问上天，为什么要让我的人生有如此多的不顺？现在我才明白，所有的痛苦都是我宝贵的财富。没有过去十年的痛苦，哪有现在的我？

步入三十岁，我才发现这是个美好的人生阶段，少了很多浮华和躁动，取而代之的是淡定和从容。正如吴晓波所言：达到这样的状态是有代价和成本的，而这一切的一切无不来自二十岁时的"投资"。

我们都不需要向这个世界去证明任何事情

这两天奥运会最火的话题聚焦于两个人身上，一个是傅园慧，一个是孙杨。

在很多人看来，前者似乎更代表了一种潮流，这股潮流叫作"做自己"——看啊，她多真多逗啊，相比起来，孙杨那一脸苦大"愁"深的样子，实在不大讨人喜欢呢。

可如果每个人都成了傅园慧的样子，连孙杨也一反往日，突然满脸表情包，想想也是一件细思极恐的事情。

这就是这个世界的好玩之处了。其实不论傅园慧还是孙杨，虽然他们表达自我的方式不尽相同，有一点毋庸置疑，那就是，他们已经在他们各自的领域，使出了"洪荒之力"，才获得了今天的成绩，相比起来，那个"做自己"的命题，似乎显得无足轻重了。

其实，我们口口声声要做自己，是因为没有谁能够做到不顾一切地做自己吧。

套用傅园慧的话表达就是，鬼知道任何一个获得成就的人到底经历了什么？！

"做自己"就是一剂看似万能实则没什么用的鸦片！

很多人都会有这样的困惑，到底做什么才好呢？是做一个成功的商人，还是从政实现自己的远大抱负，或者诲人不倦成为万人敬仰的老师？

当我们说出这样的困惑时，那意思就好像在说，我们随便选一个就可以成功一样。

事实上，没有经过地狱一般的磨砺，谁都没法轻轻松松成功，而且问题在于，在你不具备实力之前，你根本就没有选择的，是的，毫无选择。

[1]

有次出差的途中，动车上来了两个老弟兄，哥哥因为在工地上不慎摔伤落了个半身不遂，弟弟因为家里失火落了个双目失明，弟弟推着轮椅上的哥哥，铆足了劲唱着那首烂遍大街的《爱的奉献》，我突然感受到了深深的凄凉。

事情的真伪我无意评判，但我清楚，这个世界上有太多的人受制于各种局限，有身体的有环境的，还有见识及阅历。

这个世界上，站在成功的金字塔顶尖的多以两类人为主，一类是出身优越，一路受到了良好的教育，这部分人往往喝的是洋墨水，光那一堆履历及头衔就是让普通人望尘莫及的，比如《欢乐颂》里的安迪，要知道那样的人从出生到有所成就，背后更是数不清的艰苦努力，还有常人难以企及的资源优势。

站在塔尖的第二类人，就是和我们一样除了一身气力什么都没有的人，在他们成功的背后却是上千上万的绿叶。

[2]

有一年我和小伙伴去横店游玩，当时有个剧组正好在里面拍戏，在一处凉茶亭里，我们见到了很多"横漂族"，他们每天都在排队等着被导演挑选，哪怕跑个龙套演个群众也行，每天赚着微薄的收入，中午常常都是一碗泡面打发了肚子。

那一天我们还看见一个长相不错的演员，失落地躲在墙角抽烟，旁边还有一个群众演员模样的人在不停地开导他，说什么人有梦想，就一定要奋力追逐什么的，突然那个帅哥跳了起来咆哮道："你成天嘴里说做自己做自己，我们都混了这么多年了，早已面目全非了，当初想着一定要拍好片子，现在能有的拍就不错了，我又有什么选择的余地？！"

我豁然警醒，是的，包括现在被很多人羡慕的舒淇，早年出道的时候又有多少选择呢？还有"做自己"典范的王菲，一开始不也是唱着"口水歌"发行了第一张销量可观的专辑吗？

或许，"做自己"之所以有如此大的杀伤力，就是因为在这个世界上，并没有谁能够真正做到毫无顾忌地做自己吧。

[3]

每个人生而不平等，比做自己更为重要的是，我们必须学会接受残酷的现实，承认我们并不出众的天资，再使出我们的"洪荒之力"，才有可能达成我们想要的改变。

当我们认知到"做自己"无法经得起推敲之后，其实是可以感到轻松而自在的。

这就意味着，这么多年来你之所以一直感到被束缚受限制，是因为你从来都没有逃脱过那个你内心深处叛逆而与世界格格不入的自己。

如果你明白了这一点，这意味着你就可以放手一搏，你不用去刻意"做自己"，而是寻找一个想成为的榜样去要求自己并付诸努力，虽然不能保证出现生命的逆袭，但至少能够活出一点点"自主感"。

真实的情况是，人有很多能力的养成都是可以靠后天刻意的练习所达成的。

记得年少时看过一个励志故事。主人公叫德摩斯梯尼,他天生口吃,嗓音微弱,还有耸肩的不良习惯,在常人看来,这个人几乎没有任何演说家的天赋,然而为了成为富有的令人尊敬的演说家,他做出了异常艰辛的努力,他开始刻苦读书学习。

据说,他抄写了《伯罗奔尼撒战争史》8遍;他虚心向著名的演员请教发音的方法;为了改进发音,他把小石子含在嘴里朗读,迎着大风和波涛讲话;为了去掉气短的毛病,他一边在陡峭的山路上攀登,一边不停地吟诗;他在家里装了一面大镜子,每天起早贪黑地对着镜子练习演说;为了改掉说话耸肩的坏习惯,他在左右肩上各悬挂一柄剑,或各悬挂一把铁锹;他把自己剃成阴阳头,以便能安心躲起来练习演说。

据说德摩斯梯尼以口含小石子等方法一直刻苦练习演说近50年,通过多年的刻苦努力,最终成为雅典最具雄辩的演说家。

我们都希望能够顺应自己的特质找到适合自己的发展道路,然而我们忘却了,其实人的潜能无穷大,比起选择,关键在于你是否具有强烈的改变意愿。

[4]

看过一部国外电影叫《当幸福来敲门》,影片的男主人公经历了长时间的穷困及老婆的离家后,决定要改变自己和孩子的现状,他看到有个人开着豪车,就问他,要怎样才能达到这种生活?于是对方告诉他去做股票经纪人。

完全没有股票知识的主人公靠着毅力在华尔街一家股票公司当上学徒,头脑灵活的他很快就掌握了股票市场的知识,随后开上了自己的股票经纪公司,最后成为百万富翁。

还记得有人问过王健林一个问题，那就是："你是如何把事业做到这么大的？"这个耿直男说了这么一句话："其实当时创业的目的很简单，就是赚钱，后来自己也没想到竟然会做这么大。"

这一切的一切，似乎都在昭示着一个真相，尽管这个真相和我们想象的有些出入，但这就是现实——那就是，你唯一可能成为的，也只有你自己。

不管你最终成了谁，只要你努力过拼搏过，你最终呈现给他人的样子，就是他人眼中的"你自己"。

没有谁能够站在高处去指责另外一个人，我们都不需要向这个世界去证明任何事情。

而不论你最终成了谁，只要做到问心无愧，并愿意承担一切的后果以及愿意忍受路程的艰辛，就已经足够了——而这才是艰难的生活中属于你我少有而可贵的"自由"。

做自己你也是你，而不做自己，最终你还是你。

[没必要和自己过不去]

和朋友吵架，你要求自己先去和好；被上司欺负，你还要求自己面带微笑。你说你不坚强，软弱给谁看？可是，你有没有发现，你的朋友都开始以为你大方宽容心地善良，却也因为这样，她们可以迟到爽约任性霸道，你却不可以有一点点不耐烦。这样才是你，被贴上好人标签的你，不会发脾气的你，人人说你好却人人都不在意的你。

你的上司没有因为你的好态度而赏识你，反而变本加厉——被压迫都能面带笑容，说明压力还不够，年轻人总该挑点重担，才能进步，所以别人偷懒翘班假公济私，你却不能出一点点差错。这样才是你，积极向上的你，勇往直前的你，工作做最多表扬得最少的你。

习惯了这样的你，在爱情上也是如此。全心全意地爱上一个人，只知道掏心掏肺地对他好。下雨了，不需要他来接送，生气了不需要他来哄。什么困难什么挫折什么小小难过，你都可以自己一个人扛。你以为这样的你聪明睿智独立优雅，没想到最后男人移情别恋，对你弃若敝屣。他说：永远不发脾气的女人就像白开水，解渴，却无味。你那么坚强，他在不在都一样。

即使是这样，你也不肯垮掉。你不向任何人诉苦，不大哭大闹，甚至不开口挽留。你潇洒地转身，华丽地走掉。直到一个人时才允许自己有些许的放松，可就算是一个人，你也鼓励自己，未来可以更好。

这个时候其实你需要朋友，但是在朋友眼中你一直是什么都懂什么都可以解决的人。你还没来得及说说自己受到的伤和痛，就先去为别人失恋暗恋错恋出主意想办法。朋友们都雨过天晴转哭为笑才想起来问问你怎么了，你却顿了顿，然后说什么事情都没有。于是最后，你终于成为一个无所不能的女人，阳光外向充满正能量，但也是内心孤独。

只是一部电影，你看了为什么沉默？

最边上那对情侣靠在一起，女人在流泪，男人忙着递上纸巾，多和谐的画面！第三排那两个女孩，一起哭一起笑，青春多好！你看看自己周围空着的座位，发现自己像一座孤岛。你试着挤挤眼泪，却发现哭也是一种习惯，因为太久不哭，想哭的时候竟然哭不出来。你是那场电影里唯一看上去无动于衷的人，或许你心里也有小小的悲哀，只是没人看得出来。

你走在马路上，冬天的雪花像撕碎的情书，砸在人头上。所有人都行色匆匆，因为有一个方向叫作家。你为什么不着急？没人等待的家，就没有吸引力吗？"一个人也可以快乐"，书上这样说。可书里都是骗人的。一个人，寂寞吞噬掉快乐，怎么抢得过？

你在地铁上，被人挤被人推被人揩油，你躲你闪你怒目而视，惹了一肚子气却无处发泄。你独自走夜路，一个人吃方便面，你舍不得杀死一只蚂蚁，因为它是你唯一的伙伴。

你和自己打赌，和自己比赛，和自己商量讨论，甚至吵架。你对着远处大声喊：什么都打不倒我！然后在心里偷偷想如果这时候有个人肯发现你的逞强，愿意借你个肩膀，你是不是就此承认自己的懦弱？

可你还是没有，你只是蒙上被子大睡一觉，第二天又斗志昂扬地出现在人前。这样的日子一天天重复着。一次次夜里一个人拥着已经冰冷的棉被被噩梦惊醒，一次次走在陌生的街道上不知道行程，一次次想找一个人陪伴却打不出电话……

当坚强成为一种惯性，自己都不肯原谅自己偶尔的懦弱。

不经意间就学会了演戏，演一个淡定、喜怒不形于色的女人。

有多久没有撒过一次娇？有多久没有大骂一次？有多久没有放肆任性？在这样的节制里，一天天老去。

其实大可不必。

你不是女金刚，使命也不是拯救地球，所以嬉笑怒骂都是你。你，不必做仙女。

你有权利难过、不安和哭泣，你可以示弱、痛苦和无助。打不倒的是不倒翁，而你是女人。坚强不是刚硬，而是柔韧。

没必要和自己过不去，想哭就痛痛快快哭一次，想倾诉就痛痛快快说一次，想发泄就痛痛快快闹一次。

就算撕掉了精心维系了很久的面具也无所谓，一个高高在上、完美无瑕的女人并不可爱。

做一棵树固然枝繁叶茂，可是木秀于林，风必摧之，反而做一棵草，更有春风吹又生的耐力。

感谢那个逼你进步的人

小曦是我多年密友，滚床单的事儿干过不少。说到这里，各位不要误会，我们所谓的滚床单仅限于两个姑娘闺房里的打闹，类似于林妹妹和湘云妹子那样，但我们毕竟不是古人，没那么腼腆。

我们的方式比较简单，粗暴，以把对方彻底弄焉为止。

而且我们不会爱上同一个宝哥哥。

天知道我和她的风格差得有多远，所以我从来不会担心闺蜜抢老公老公抢闺蜜这种小概率事件的发生。换句话说，她除了能和我打闹到一块儿去，实在没有令我欣赏的地方。

比如。

比如她这人行为懒散，说什么都是一句"管他呢"或者"关我屁事"，然后继续穿着她的人字拖大摇大摆行走于光天化日之下。那画风特"凤凰传奇"。

再比如她马大哈这件事也是颇令人微词，曾经就有圈内朋友跟我打小报告数落小曦，说明明约好了在哪里见面，结果人家都快到了，她却来一句"睡过头了要不下次再约吧"，朋友说得气势汹汹，因为知道我和她关系好，想让我去提个醒。怎知我双眼通红反客为主道"那有什么曾经我们一起逛街我一双鞋都还没买她就以她家电视忘关了为由丢下我自己跑回家了"，换来朋友一万个吃惊的表情。

是的，我摊上奇葩闺蜜了，这事儿大了。

大到什么程度呢，我一度认为以小曦这种性格，在工作上是会走得比较坎坷的。

这绝不是诅咒她。

我深知她的性格与这工作是多么地不和谐。

可不，认识十几年，工作四年，我听到她关于工作上的吐槽远远高于学校里的鸡毛蒜皮。她那唾沫星子绝对可以淹死一福田区的人。

听得多了，自然也能归类了，无非就是这几种：

1. 不就粗心做错了一个报表吗，至于吗，让我熬了通宵重新做。

2. 我大好的人生为什么要用来加班？

3. 居然规定上班不许吃零食！还让不让活了？

4. 改改改，一个方案改十遍简直够了！

小曦同学的最后一次吐槽是关于她犀利的女上司的，在上司的压迫下，她活得很不好。

然后，她消失了一段时间，准确来说是安静了一段时间。而那段时间我回了趟老家待了数月，也和她联系得少了。

等我再来深圳的时候见到她，我不敢相信这是我认识了十多年的小曦。

干净利落的发型，得体的衣裙，恰到好处的坡跟，以及搭配得当的皮包。如果没看错，她还化了精致的淡妆，喷了所有精致女人该喷的香水。

我用力地晃了晃她，却把她逗乐了。

"你怎么啦！觉得我变了是吗？"

"告诉我你受什么刺激了孩子……"

"哈哈，是受刺激了，还受得不小，我升主管了亲爱的，走，请你喝咖啡去。"她挽着我，款款地走着。我抬头看了看万里晴空，那一刻真想一个霹雳打下来，清醒我万般秀逗的脑袋。

那天我们聊了一下午，不同于往日的嬉笑怒骂，我们像阔别多年的老友，认真而绵长地回味当年的风起云扬。

原来小曦是受到了她那女上司的深深影响。这位女上司要求严苛，为人处世一丝不苟，在这样的人底下做事是一件冒险的事，或者说是一场对赌。

如果你恰好上进，充满斗志，那她绝对是你人生扁舟上的一页帆，拽着你航行远方。而如果你懒散倦怠，随遇而安，那她可能是你的生死劫，躲不躲得过完全就看造化了。

小曦一开始是属于后者的。直到有一回，女上司带她去大客户方提案，彻底改变了她的人生轨迹。

按照女上司规定的时间，她9点钟准时赶到目的地，在大厦的一楼大厅里，女上司正坐在小圆桌旁等她。她以为要迟到，连忙跑了过去，却不料女上司告诉她，提案的时间是9点半。女上司打开笔记本电脑，问道：

"你眼睛多少度？"

"5……500度……"

"给你十分钟，再把这个方案过一遍，然后花十分钟给我讲解，一会儿提案的时候不要戴眼镜。"

"什……什么……"

小曦告诉我，那十分钟，她用来看方案的十分钟，简直要了她大半生的光阴。换句话说，她前半辈子从来都没有这样做一件事情——把所有精力集中在十分钟里。虽然头一天已熟记于心，但要脱离眼镜那就等于拖稿演讲了，她不得不拼尽全力。

等到正式提案的时候，女上司并没有让她摘下眼镜，但她流利地演示着方案，来自脑海中的理解与应对，让客户非常满意。

在回公司的车上，女上司和小曦讲起了自己的故事。有一回她去提案的时候忘记戴眼镜，她度数并不高只有两百度，平时一般不戴眼镜，可是面对投影仪还是需要眼镜的，她以为放进了包里，到了会议室才发现忘拿了。还有十分钟就开始了，她擦掉不断下落的汗水，冷静下来，铺开本子，用笔在纸上画着方案的思路和逻辑，十分钟下来，像是重新修改了一遍方案。

那一次，她汇报的效果远超之前所有的提案。从那以后，她提案再也没有戴过眼镜。

"其实，我们都习惯于依赖，而当你戒掉所有的依赖时，你也就无敌了。"

小曦看着妆容得体的女上司，重重地点了点头。从那以后，小曦积极地学习，努力地改掉所有的坏毛病，她同时学到的，还有对生活的态度和品位。

现如今，她已经可以从容应对大客户，独当一面。当然，她也因此成了一个有条不紊的人，不再懒散。告别糙得不行的过去，她迎来的是精致尖锐的生活。她非常庆幸自己能够遇见这样一位严于律己的好上司，在她的鞭策下变得尖锐起来。

这种尖锐并不是什么坏事，而是一种无敌和强大，更是一种优秀。

而这一切，无非就是摘掉眼镜而已，你以为还有什么。

谁的人生不曾受伤

我最难忘的采访经历，来自一位女企业家。

她完全不像大家想象中的女强人——气势咄咄逼人，说话笃定泼辣，穿着霸气十足，神情自信骄傲。恰恰相反，她的办公室充满温和的女性气息：色调是清雅的浅绿，优雅的玫瑰花茶在透明的茶具里散发着幽幽的香气，采访的过程老友聊天一般亲切随意，她摆上精致的茶食招待我，有问必答，谦虚从容。

愉快地结束工作，我边收拾东西边灵光乍现，请她为当代职业女性平衡家庭与事业之间的关系提点建议。她神情略变，踌躇了一下，依旧微笑着说："这一点，我可能没法给大家提建议，我自己的家庭也不完整，一年多前我和孩子的爸爸离婚了，为了让孩子有个接受的过程暂时没有公布。"

说完，很抱歉地微笑。

我有点不知所措，为自己的冒失难堪——感性的采访者虽然在情绪调动与交流方面没有问题，却常常失分于分寸把握，把自己弄得太入戏，问出让采访对象作难的问题。

她看我囧在那儿，连忙接着说："我是觉得，自己在这个话题上并不是榜样，也不想说空洞的套话，所以实话实说。上天没有给我做贤妻良母的机会，但是给了我其他方式的精彩，只是很抱歉不能回答你这个问题啦。"

她像为我解围似的解释，我又很轻易地被感动了。

大多采访对象，不过是工作关系，一问一答，一个写新闻一个做宣传，都是工作，诚恳投缘的人并不多，所以，至今我没有把这件事告诉身边任何一个朋友，即便消息公开之后，我也守口如瓶。因为当时，她完全可以敷衍一个初次见面的记者几句客套话，对于老江湖，这并不难，所以，我珍惜这种难得的信任和缘分。

回去，我仔细整理采访资料，才发现她的很多成就都是在失去家庭的一年半里获得，甚至，她可能为了挽救不再稳固的婚姻，在身体与工作强度并不适合的情况下，生了第二个孩子，虽然这并没有周全她的家庭。

从时间上看，她孩子出生的时候，应该正是企业资金状况糟糕的节点，而怀孕的难受对谁都很公平，我只能想象一个孕妇和新妈妈怎样一边忍耐着身体不适，一边应对着公司经营。她无意中提到自己心脏不好，这个孩子让她承受了极大危险和风险，而婚姻的危机，当时也应该显现了吧，身体、家庭、工作三重压力硬扛下来，依旧保持温和、温暖和信心，我除了敬佩，还有心疼——很多所谓的强人，不过是更能忍而已。

通常印象中，职业女性因为工作忙碌忽视家庭造成婚姻解体，而在我见过的事例中，这并不是主要原因——通常职场表现优越的女性，会把优秀形成习惯，在家庭里同样要求自己成为高分主妇，她们甚至比普通女性更加愿意付出，更容易沟通，更低姿态，她们婚姻维护难度更大的原因在于，对方的理解和配合。

大多婚姻的差距是由男人领跑造成，而领跑者一旦换位成女性，这种差距会由于男人心理上更加难以调适危机感更强而更扩大，女人为了维护家庭完整，能够做出的选择就变成了：第一，停止前进，与对方一起慢慢走；第二，继续前进，与对方割裂；第三，进退两难，与对方在尴尬中相持，一对怨偶走不快也断不了。

绝大多数中国家庭，由于各种原因，选择了第三种。

绝大多数奔跑中的人，鼓起断尾求生的勇气，选择了第二种。

所以，优秀的女人获得幸福的婚姻，实际上比优秀的男人保全体面的家庭难度更大。

稿子写完后，我很仔细地同她确认，生怕自己遣词不周到，或者情绪上偏爱，反而给她带来麻烦。

后来，我们成为朋友。

这么多年，我看着她深居简出，把包括自己外公在内的一大家人接到一处生活，很少有应酬，更少有是非，只字不评论对方，企业却越做越大。

从她身上，我突然明白，我们看到的那些勇敢并且完美的人，不过是带着伤口依旧愿意向前奔跑的人。

我曾经羡慕奥黛丽·赫本几十年不变的纤瘦优美，后来读到她的儿子肖恩写的传记《天使在人间》，才知道所谓的苗条居然来源于童年的营养不良。

这个英国银行家和荷兰女男爵的女儿，六岁便就读于英国肯特郡埃尔海姆乡的寄宿学校，十岁进入安恒音乐学院学习芭蕾舞，她的优雅几乎是世袭的。

可是，第二次世界大战爆发，荷兰被纳粹占领，谣传她母亲的家族带有犹太血统，她粉色的梦立即被现实击碎，整个家族被视为第三帝国的敌人，财产被占领军没收，舅舅被处决，她和母亲过着贫困的生活——因为缺少食物，她经常把郁金香球根当主食，靠大量喝水填饱肚子。

她瘦削的身材正是来源于长期营养不良。

虽然如此，她依然没有中断练习最爱的芭蕾舞，即使穷到要穿上最难挨的木制舞鞋也没有关系，她的梦想是成为芭蕾舞团的首席女演员，可是战时长时间的饥饿影响了肌肉的发育，再加上她几乎比当时所有男芭蕾舞演员都要高太多，所以，这个梦想最终还是破灭了。

像补偿一般，她优雅的气质在时光中被保留下来，《罗马假日》试镜的时候，轻而易举脱颖而出。

生活为你关上一扇门就会打开一扇窗，只是，很多人都没有等到窗口打开便主动放弃。

的确，在某一个时间段，我们都会感到无力解答命运给出的难题，看不见未来也没觉出希望，只感应得到伤口的疼痛。可是，只有带着这些或者隐隐作痛或者痛彻心扉的伤口，奔跑到更高更远的位置，回望来时路，才可能发现解决问题的办法，甚至，走到下一个路口，从前所有的问题便自然而然迎刃而解，当然，新的问题也会扑面而来。

贝多芬是个耳聋，荷马是个盲人，凡·高那样热爱家庭的人却一辈子结不成婚，谁都有这么一段伤痕，犹如命运在生活的道路上设置的路障。

它们有时是阴影重重的童年，有时是寡淡稀薄的亲情，有时是无能为力的健康，有时是突如其来的变故，有时是勉强为继的婚姻，有时是难以预料的背叛，有时是不太懂事的孩子。

最好的人生，不是一马平川没有障碍，而是跨过或者绕过路障继续向前；最好的际遇不是不受伤，而是带着伤口依然愿意奔跑；最好的天气不是永远都是艳阳天，而是尽管现在滂沱大雨，太阳明天依旧会跳出地平线。

所谓的伤口，让我们每一个人变得更加勇敢，更加惜福。

贫穷不是所有不作为的借口

[1]

我小的时候，我的奶奶明知道奶粉馊了，还喂给我吃。后来我在人民医院"吊针了"一个月，差点儿死掉。

这件事情给我造成了终生的痛，长大后，我虽然仍然活着，但我的骨骼明显比常人要细，我经常在裸露身体的场合（比如说游泳），感觉自己抬不起头来，我的身体也明显不如一般人。我在和异性交往的过程中也时常自卑，因为我的胳膊比女孩子还细。

事实上，我的奶奶不仅是对别人，对自己也是这样。曾经因为吃馊的饭菜，而拉稀几天。家人问她"为什么要这么做"，她只是说："我是舍不得，你不知道，在'文革'的时候，别说米饭，野菜都难吃到。现在生活富裕了，也不能随便浪费啊……"

贫穷最悲哀的地方，是总觉得什么事情，只能拿命挡，命比纸还贱。

[2]

我的父亲母亲，虽然比我奶奶好上一点，但是仅仅是好一点而已。

比如说，他们每用上什么电器，都要拔掉插头。因为他告诉我，专家说的，电器关掉了，如果插着插头，那么是继续在耗电的。而事实上，他们也试过，不插插头确实每个月要比插插头要省十几度电。他们还告诉我"积少成多，勿以利小而不为"。

所以我在家里，每用一个电器，都要先插插头再用。比如看电视要插插头，用电脑要插两个，最烦的是插拔空调的那种大插头，有时候会火星四溅。

贫穷的悲哀在于，让人忘了生活的本质：钱的存在是为了让我们生活得更美好。

[3]

我记得在我小的时候，有人来做客，顺便带了个小孩过来。

外婆随即从柜子里拿出个苹果给他吃，小孩拿在手上盘弄了良久，最后放在口袋里。

听他母亲说，后来小孩放在口袋里忘记吃，苹果都坏了。

贫穷的悲哀在于，心里永远装着个"我不配"，这样很可能使得他继续贫穷下去。

[4]

以前在工厂上班，工人赚钱很辛苦，往往一赶工就没日没夜，每天都加班到晚上10点半，有时甚至是通宵。有人还半开玩笑地说："回家就急着吃夜宵洗漱，连陪老公亲密的时间都没有了。"而一个月最多拿6000元工资，平均维持在4000元左右。

我知道他们很辛苦，但是绝不是穷到一无所有的地步。然而我一跟他们讲话，开口闭口就是钱。比如我有时没事从办公室出来，会跟他们聊一会儿，介绍他们买哪个牌子的鞋子衣服，他们去答："我没钱啊！你给我钱啊？"

比如我说就是再穷，也要让子女上大学，这样对他们会好很多。他wu们也还是说："我没钱啊！你给我钱啊？"

别人结婚请客吃饭，也互相揣度着送多少钱的红包最划算，别人送多了也不行，立马有人去劝："你不要送这么多啊，搞得我们拉不下脸。"

老板迟发一天工资，车间里就炸开锅："老板是不是要跑路了？怎么还不发工资？我上次看他买个玉镯子，买镯子有钱发工资没钱哦？"

我们老板是非常爽快的人，虽然他们有些行为我看不惯，但在钱方面，老板从不欠人。员工和老板已经合作十几年了，在背后翻脸翻得这么快，令人难以想象。

贫穷的真正悲哀是什么？

贫穷的悲哀在于，钱成为他生活的全部，没有温暖，没有人情味，更没有什么人文关怀，剩下的只有人与人之间的算计和揣度。

你的人生不是只有一个支点

不要轻易割舍和放弃，

所有的时光，

都不能轻易荒废和虚掷。

因为你就站在当下，

所以一切都显得弥足珍贵。

电影终有落幕，我们需且行且珍惜

[亲情]

闻听三叔被摔成重伤的消息，我正在接孩子放学的路上。电话那端："恐怕时日不多。"简单的一句话在车水马龙的街道上，让我不由得来了个急刹车，任后面心急火燎的喇叭声一阵狂轰滥炸，我的大脑只剩下一片空白。

匆匆地来到医院，三叔还在手术室，老家已经来了很多人。三婶茫然地站在门口，脸色苍白，目光呆滞。我紧紧地抓住三婶的手，不敢开口，怕一不小心又会让三婶撕心裂肺，痛断肝肠。手术很顺利，就在大家松一口气，暗自庆幸的一个小时后，三叔还是走了。从失望到希望，又从希望到绝望。重症监护室外，任凭我们哭天抹泪，一门之隔，却已是阴阳两隔。

三叔，享年四十多岁，是我婆家三叔。也许是因为年纪和我们相差不多的缘故，所以无形中便感觉亲近了许多。再加之三叔的儿子和我女儿出生仅相差六天，更拉近了我们夫妻二人和三叔的距离。女儿小时候不止一次地问："妈妈，小叔的爸爸那么年轻，我怎么就叫爷爷呢？"是啊！一个如此年轻的生命，却因为一场意外永远地离开了我们。瞒着九十多岁的爷爷，举办完三叔的葬礼。但离家不远的一座新的坟丘，还是让爷爷知道了真相。爷爷没有流泪，没有言语，只是默默地坐在那里，在几个儿女提心吊胆的眼神里坐了很久。三叔是爷爷最小的孩子，也是他最疼爱的孩子，没有人懂他此刻的心情该是什么样的滋味？良久，爷爷起身去了三叔家，转了几圈，一切平常，安静得让人心疼。

人生，何处不散场？爷爷是两岁丧父，晚年又白发人送黑发人，其中的痛不言而喻。或许爷爷经历了太多，所以懂得无能挽留的悲哀和无奈。也或许是爷爷足够的坚强，所以才能像一位安静的老者，淡然地接受着这人生无常的悲喜。

世事如花，开了又谢，谢了又开。所有的自然调零，都是人生的一种历程。此刻就这样依着一窗春意，看着窗外自家小院，三叔一月前给新做的水泥地坪。眼角有泪，却已没有了往日的肆意。因为已然寻人不见，索性让自己学会坚强面对。或许所有的牵挂和思念，只能借助此刻的风儿托付到云端。就像十六岁的女儿所言："有些人，走就走吧，他没有停止思想，亦没有失去灵魂，他只是停止了他的工作，停止了他为家庭的付出，他累了，需要一个安静的地方去休息，然后用爱的目光守护着我们，我们所能做的就是让风儿，云儿，报以我们一切都好。"我惊讶于女儿的淡然，亦能懂得在她三爷灵柩前她泪流满面的痛楚。人生何处不散场，人生又无处不散场！有些人来过，记得就好。或许人生本就没有生，亦没有死，不过是一次又一次的散场，因为有了怀念，而变得亘古，变得一切只是简单的离去。

其实，我们都是人世间一浮萍，在人生的大舞台，有了相遇，必然有分离。没有谁是谁的一辈子。就这样，走的人走着来的人来着。没有理由没有刻意，一切都随意到宛如一叶飘落，只因风的缘由，飘向了属于自己未知的归属。所幸的是，时光还在，一场醒转，一种剧本。所有人来人往的黄昏，终会在夜的掩盖下，走向销声匿迹，走向我们自以为的梦的天堂，两两相忘，抑或两两相望，在许多看似无言的结局里，独自摇曳成岁月固有的滋味：一半离，一半合；一半悲，一半喜。半入流水，半入尘埃，奔赴于另一种人生况味，譬如淡然，譬如宁静……

[爱情]

　　这应该是一个很美好的下午，一个人坐在偌大的飘窗下，读一本自己心仪已久的书。不觉然间，一颗心便紧跟着书中的文字，步入了另一种风情：一个关于林徽因，这个让徐志摩怀想一生，梁思成宠爱一生，金岳霖记挂一生，世间男子仰慕一生的神奇女子不一样的风情。

　　其实最先认识林徽因，是在她清秀诗一样美丽的文字中，而关于她的爱情，却断然不太了解。只道世间所有的女子，包括我自己，都不得不承认，我们是为爱而生的化身，似乎从来到人世间，能够牵引我们前行的便是那些我们无能把握却又深陷不已的爱情，经历过分分合合，经历过悲悲喜喜，如今再次静读这个神一样的女子，原来最美好的爱情，和爱情中的最美好都在她身上被演绎得淋漓尽致。她是世间堪称完美的化身，但关于爱情，散场，还是最后的结局。暂不论她与梁思成之间的恩恩爱爱，但指徐志摩，痴爱一生，却为她而去。金岳霖等她一生，也孤独终老。这样的结局，这样的爱情，还是给这繁华也浮华的世态，涂上一笔薄情又深情的凉意。其实，爱，谁人不渴望最完美的结局，谁人又懂一眸相遇一生相系的挂牵？还有那可遇而不可求的无奈与心痛？或许爱情本就是一种不能轻触的美好，一不小心，就是一生的劫数。

　　无论一生，林徽因爱过多少人，抑或被多少人爱着。所有犯过的错，所有的起落轮回里，我一直都相信，在爱的进行时里，没有敷衍，没有利用，有的只是一颗真诚而又勇敢的心。即便有几分的疯狂，想必也是爱的另一种表达方式。纵然离别亦是最后的结局。可离别又不是那一份爱情的最终结局呢？她选择了梁思成，最后却先梁思成而去。随之所有的爱意浓浓，所有的山盟海誓，都也随她而去。不是不够深情，也不是太过于寡情，面对散场，都是我们无能逃脱的定数。张爱玲因爱，为胡兰成低微到尘埃，却还是没换来她想要的幸福。陆小曼因爱，一生追逐着徐志摩，却也不得不面对徐志摩对另一个女人的痴恋。三毛喜欢放逐，却也一次次的为爱驻足，为爱而伤。人生，问爱为何物，直教人生死相许。只是在共同的结局里，每一个过程都是不一样的故事，都是属于各自的传奇。

人生，何处不散场，为爱痴为爱狂，可谁又能保证不负这仅有的一次人生？有些相聚，只是南柯一梦，醒来已是过往。有些相遇，也会生根，从此纠缠不清。有些相拥，是把利刀，彼此伤痕累累。有些相忆，已然成河，在物是人非中百转千流。这些都是爱情的代名词，我们背负着这样的执着，不经意间，把爱走成爱过。挥手作别的瞬间，谁又能在最初的最初就已知这最后的最后，那个叫作散场的街角处，一场爱的别离？

莫说人太薄情，而是人本就多情。缘起缘落中，让我们领略爱情的味道，分分合合中，让我们读懂爱的真谛。所以既然能够欢喜于相遇的最初，又何必怨恨于相爱的最终。聚也好，散也好，身处散场之后，学会淡然，学会放手，终是不负如来不负卿。是的，爱过就好，胜过于陌路上一次次擦肩而过的遗憾和未知的守望。

因为有缘，我们相聚，也因为无分，我们散场。请相信上苍的每一种如此的安排，爱过，路过，一切只是为了更好地拥有，不是吗？

一程山水一路人，一种相拥一故事，行到最后都将会是一种浅浅的送离。而所有的转身都是一种重复，一种烟火味道的重复，去的人去着，留下的人，就无须再去苛求这本就注定的尘缘，短暂或悠长，已不重要，重要的是散场之前，我们都曾真诚地拥有过。那么散场之后的我们，天涯或者海角，唯愿彼此各自安好，再无相扰。

[友情]

搬新家时，就在书柜的最角落里，翻出了几乎被我遗忘的纸盒子，打开后，里面是一叠叠上学时的旧照片。都说睹物思情，或许的确如此，从打开盒子的一瞬间，一些以为早已被尘封的过往，便如泉涌，一次次地把我冲向二十多年前的青春校园。

走进县重点中学，和张莉成为同桌，是我从未曾设想的。那些年不谙世事的我们，在小学时便已是同班也同桌，更为不解的是，究竟是因为何事，我们从好友成为陌路，直至小学毕业离校的瞬间谁都赌气地没跟对方说一句话，哪怕一声简单的再见。没想到世界如此之小，我们又相逢，并且还是同桌。惊喜和尴尬掺杂在一起。终是长大了一些，我们相视一笑，就此泯恩仇，从此偌大的校园，我们手牵手的背影成为校园内独特的一景。其间也结识了另一位女孩，我们三个都有着痴迷于文字的爱好，和共同的多愁善感的性格。自此，走进校园，我们的世界似乎只剩下彼此。我们共同度过了一段美好而又难忘的时光，但这一切的一切还是伴随着毕业典礼的开始而走向了陌生。其间，我寻找过，但终因生活的奔波，而彼此散落在茫茫的人海中，再无相见，只能在某一个瞬间，深深地忆起。不过我一直庆幸的是，因为曾经的失去，而学会了珍惜，在随后的生活和学习中，又结识了几位知心好友，没有经常联系，却知道彼此都深念于对方，毕竟在忙碌的烟火人间里，有太多的身不由己，也有太多的责任和压力让我们无暇于一如从前的相守相伴。就像毕业纪念册上，我们重复最多的一句话："世上没有不散的宴席。"一切终是，聚了，散了。还好，我们还能相忆，还能相念，一切还不迟。

人生何处不散场，我想若干年后，在某一次朋友的聚会上，望着越来越少的脸孔,和每一张脸孔的苍老,我们又该怎样面对越来越近的散场?或许已经淡然,或许已经习惯,也或许已经麻木。生命最无能为力的事情也就莫过于此吧!月有盈亏,只因送尽了人间的生离死别;星有远近,只因熟识了生命的无常。回眸深看,生命里曾经拥有的一切正渐行渐远,那些说好的相聚,依然在继续。如若所有的故事都已成定局,那么还未来临的结局,凌乱得又该是多少颗彷徨凄楚的心?茫然失措间,突然间好想伸出手,采下一缕窗外那丝丝叫作春的气息,留取一份春的温暖,在每一份相遇的最初,不问结局,不畏将来,温暖着彼此,只为多年后,依然能够骄傲地述说着今日的无悔和无悔于今日的种种。

  无论亲情,爱情,还是友情,每一段缘分,每一个故事,都是意义非凡的今生的仅有。缘来缘去缘如水,水来水去水自流。一切都再寻常不过,一切都再深情不过。做不到改变最后的结局,就从容地接受此刻的拥有,因为相信终有一天,即便散场之后,一切的一切都会回归于生命的宁静,亦如初见时那般的美好!

  再次抬头,捻花为字,挥雨为念。在拥挤的红尘里,只道:人生,何处不散场,且遇且行且相惜,你来就好!

当下所有一切都是弥足珍贵的

前一段时间，L先生在自己的动态圈里，发了几张简单又迷人的照片。照片中，沙漠蔓延到天际，一条公路从沙漠中劈开，棕黄色的骆驼，在广袤的黄色布景下悠闲散步，蓝天白云，像结在河里的碎冰，清丽温暖。

两张图片下，是L留下的一句话，这句话是这样的：

看着风景，住着欧曼宾馆，380房间，每次吃饭11路车……

L先生是一个大型货车司机，每天的工作，就是开着他那辆十多米的大型挂车，山南海北地跑。在海南三亚停驻过脚步，在云南大理观赏过风光，在逶迤曲折的高山云层间穿梭。

而这次的动态，是他去新疆运送哈密瓜的路途时拍下的。

我抱着手机，盯着他的这条动态发呆，周围是高大结实的石灰水泥，我们像被一间间格子隔离起来，每天在宿舍、教室和食堂间奔走。生活像被定上了闹钟，一切按照时间表上的进程推进，好像每天的活动，一眼就能看到头，毫无生机可言。

想到L可以去全国各地到处转转，去更加广阔的空间，领略不一样的生活和风景，我简单而重复的生活则显得枯燥乏味。于是，年轻躁动的心情，对他那样的生活充满期待和憧憬。脑子热时，想逃离周围高大的围墙，去追随他那样的生活脚步。

但不久，两人聚在一起聊天，杯盏交替间，他对我坦言，运输这个工作蛮辛苦的，因为货运时间限制的问题，经常需要熬夜驾驶，需要不断紧绷着精神全神贯注。当然，路途中还可能会遇到这样那样的风险。而你所看到的，那些一闪而过的风景，只是我们奔波生活中的一个点缀，一段剪影，但我们毕竟不是旅行，所以无法安逸享受地坐下来，品味一番。而那些路过风景，美是很美，但我们的目的地不是那儿。

我看到他比之前晒得更黑的皮肤，想到烈日炎炎，和别人苦口婆心谈生意的情景，夜半时分，你呼呼入眠时，有些人，还在遥远的地方，熬红了双眼，风尘仆仆地一路奔波。顿时觉得，有时候，你只看到别人光鲜亮丽的一面，是因为你自己没有切身地去体验。

我们总爱把自己没有的，或无法轻易得到的，虚构得很美。而正是因为得不到，所以才给了它无尽想象的可能。

我有两个女性朋友，姐妹花，M小姐和H小姐。

M是妹妹，毕业后早早结婚，如今生了一个孩子，白白胖胖地惹人喜爱。M平时在家做些家务，偶尔出去散散步，大多的时间，就是和孩子待在一起，做起了全职妈妈。

而姐姐H小姐，虽然早已大学毕业，但毕业后去了男朋友的城市，两个人在一起打拼，并没有马上结婚，而是为了未来的生活一起努力奋斗。因为没有成家，没有孩子，生活相对自由轻松。H闲来寂寞，养了条宠物狗用来打发时间。

H也曾对妹妹M说，干吗这么早结婚，一结婚，就失去了很多自由。有什么好的呢？

M想了一会儿，说，算不上有多好，但也算不上多差，我只是比你早一点组建了家庭而已。而我结婚后，一家人都对她蛮好，如今又有了一个可爱的宝宝，虽然不能如你一样，生活更加自由和随性，但我有了自己的新的圈子，没有感觉到好与不好，只是切换了一个不一样的生活方式而已。

就像听歌一样，之前你经常听的，是充满激情洒脱的摇滚，只是，突然有一天，你听倦了，按了下一首，曲子切换，歌风突变，不再是摇滚，是一首安静祥和的摇篮曲。但没关系，这首歌我也挺喜欢。

M小姐关切地看了看熟睡的宝宝，接着说，这就像你我的生活一样，或许你可以随时和男朋友来一场说走就走的旅行，可以以一个独立女性的身份，穿梭于公司和住宿间。因为没有结婚，两个人依然可以像谈恋爱般甜腻。

而我呢，每天开始在柴米油盐酱醋茶的生活中奔走，开始放弃了一些自由，因为随时要带孩子，还要重新适应新的亲戚关系，完全就一全职妈妈奔波的份。

但我的生活，也有了你不曾体会到的快乐，孩子陪在身边的那种幸福感，不是你养了一只宠物就能相提并论的。当然，因为做了全职妈妈，也不用在工司里上班拼命努力，看老板和同事的脸色。而建立了一个家庭，也让我更早地学会独立和成熟，因为已经不是一个小孩子，因为承担了更多的责任，因为需要为了营造一个和美幸福的家庭而努力。

M小姐继续说，我觉得自己只是比你们早点步入婚姻的殿堂。有人说，婚姻是爱情的坟墓，但我觉得，婚姻也是一段爱情最终的结果和小窝。一段好的爱情，不是用两人是否有没有结婚来衡量的，全凭你怎么经营和对待。而即使现在，你我的生活不在一个频道，但你我的生活，多少都有着相应的幸福和烦恼。没有什么好拿来比较的，只有经营和应付好自己的生活才最重要。

我对她的说辞表示一万个赞同。因为人生本来就是一个巨大崎岖的十字路口，你走你的阳关道，我过我的独木桥，没有什么好羡慕和不屑的，你在这里看到的一处旖旎的风景，别人可能会在那里看到不一样的。

但总有一些人觉得，有一种生活，是别人家的生活。我们有时过得不快乐，并不是来源于生活本身，而是把他人的生活美化一番，才对比出自己生活的糟糕。

人们总爱去比较，是因为我们总看不到自身。

北漂南下的人，在经历了一番风霜洗礼后，可能羡慕那些可以安稳在自己生活圈子的人，而事业稳定的，则内心躁动地想去更加广阔的世界看看。你羡慕小桥流水下的袅袅青烟，人家可能羡慕你，城市里良好的保障和便捷的交通。你可能羡慕别人成家后的安稳甜腻，别人可能羡慕你两人红烛的爱情生活。

也可能，你还没有找到那个，可以随时陪在身边的人，但单身的日子里，是自己升值的最好机会。你有着更多的自由，尽管你不想再一个人这样过下去，但一个人的日子，你毫无选择，还是要快乐而富足地过下去。

因为这段单身的时光，在你恋爱和结婚后，就不再拥有。

而既然自己的生活无法轻易改变，就不用拿自己的生活和别人对比。因为，条件不同，主体不同，所以，每个人的不同生活，都没法拿来比较和评价的。而有时那些外表看起来幸福的生活，也许在你不知道的地方也有着裂纹和伤痛，有着只有主人公才能体会的不幸。

所以，不管你身在何处，不管你将去哪儿，愿我们都能朝着心中有光的地方前行就好。而你所有的日子，都不要轻易割舍和放弃，所有的时光，都不能轻易荒废和虚掷。因为你就站在当下，所以一切都显得弥足珍贵。

拐弯遇见幸福

一个朋友，在银行工作，事业有成，家庭和睦，但却过得不开心。此人在父母那儿是孝子，在妻子那儿是好丈夫，在儿子那儿是好爸爸，在单位是好同事，个个感叹，绝世好男人。

朋友却有说不出的苦，我不解，问他："你是男的嫉妒，女的羡慕，还有什么好苦的。"朋友摇头说不知道。

后来，朋友开始恐惧上班，害怕待在家里，一见到钱就手发抖，直冒冷汗。

有一天，他找到了寺庙，想要出家。大师询问了他一番后，对他说："山下有一个集市，集市里有一条很长的小巷，你去走，走完了再回来，记住了，要一直往前走。"

朋友照着大师的话做，来到山下，果然有一个集市，集市里有一条小巷。朋友没想什么，朝着小巷一直往前走。他走到第一个路口，发现有一家茶庄，里面的人正悠闲地喝着茶，他想去喝一碗，但咽了咽口水，又继续朝前走。走到第二个路口，他看见有几个小孩在踢足球，想上前去踢两脚，但伫立了一会，他又转身走了。

此后每走过一个路口，都会看见一件让自己怦然心动的事，但为了完成任务，他只好往前走，直到经过第七个路口，将小巷走完。回来后，大师问他："你开心吗？"朋友摇头。朋友说："我起初很开心，但走到最后突然很难过。"

大师说："这就对了，你为了完成任务一直往前，这就是你不开心的原因，你应该学会拐一下弯，不要太执着于路怎样，而要看心怎样。"听了大师的话，朋友恍然大悟，作揖谢过大师，开开心心地下了山。

后来朋友竟辞去银行的职务，自己开了一个小茶馆，以前不喝酒的他，也时不时会约朋友去小酌几杯。不爱运动的他，竟花了不少钱买了一套装备，开始打球、健身、游泳了。去他家里做客，偶尔也会听见他跟妻子吵吵架，他完全变了一个人。朋友笑着说，他终于感受了幸福。

原来，朋友这辈子为父母，为家庭活得多，为自己活得少。大学毕业，为了父母，他放弃了自己喜欢的工作选择了银行。结婚后，他戒了烟戒了酒，把时间全部花在工作和家庭上，而放弃了自己所有的爱好。所以，他虽然拥有成功的事业，幸福的家庭却感受不到幸福。

其实，生活就像那条小巷，与其带着烦恼朝前走，还不如爽快地来一个拐弯。在拐角处，也许一不小心就碰上幸福。

无愧于花开花谢的过程

一场飘飘洒洒的冬雪，勾起了灵魂深处的眷恋。窗外，季节湿润着寒冷，雨雪沐浴着亭亭玉立的傲雪红梅。明媚如花的女子，坐在窗前，看雪雨透过窗棂洒在花儿不畏严寒的脸上。刺骨的寒风卷起了粉红的窗帘，花儿唯美的笑脸却迎面飘来。花儿顽强不屈的眼神，仿佛像一缕火力圈穿透着她的心扉。

沧桑吐露着芬芳，回味便散发着馨香。望着皓白的天空，数着人行道上的十字路口，刹那间，曾走过的山山水水风风雨雨随着飘雪突兀在眼前。感悟的境界，如锦心绣口，丰盈着心胸。她情不自禁地敲起了键盘，书写着素白如雪的情怀。一种高深莫测的境界，顿时走进了她的心房——花儿的凋零，才是真正的盛开。

她不禁问花儿："你既然要凋谢，那为什么还要废那么多周折而努力争相开放呢？"不畏岁寒的花儿回答她："其实，我绽放时的美丽与荣耀，掩盖了我日夜为盛开所付出的孤寂与劳累。而我凋谢时，就荣升为母亲了，我将会耐心地期待我的子女来年绽放时更加耀眼夺目。"在她问花儿那短暂的瞬间，她才明白自己也已晋升为一朵更高贵、更娇艳的母亲花了。因此面对一无所有，她不再悲观失望了，而是充满了经历过沧桑的成就感与再次奋斗的激情。

她终于明白，每一朵花都有盛开的理由。它们之所以不畏花谢，那是因为它们相信花谢时的痛苦迟早会过去，而花开的美丽却能源远流长。花开花谢，这好比一种不畏失败的乐观精神。人类，有时会为了一个奋斗目标始终不渝，结果也许是一场空。但是，乐观的人不会悲伤，因为拼搏的过程是最美的。人生的感悟，其实也如此。当浪漫归于平淡时，我们必须相信，爱人不是不重要了，而是更重要了。因为，我们彼此在最重要的人面前，才会剔除那些绚烂与繁芜，展示最真实最简单的自己。

花儿的凋零，才是真正的盛开。这种感悟，如诗如画，如梦如幻，也犹如一缕春风拂面来。一花一世界，一叶一菩提。花开的青春，若是一首经典老歌，那花谢的经年，便是一曲云水禅心。花开花谢的过程，经流年若变成了经典老歌，那些心心念念与感悟的情怀，便汇集成了婉约的诗画，镌刻着生命最美丽的篇章，诠释着人生最神奇的画面！

花儿的凋零，才是真正的盛开。这种领悟，如圣经千卷，如禅念万福，使历经沧桑的人不再悲天悯人了。想起巴尔扎克的话，一个能思想的女人，才真是一个力量无边的人。她不禁冲到窗外握紧一捧雪花对自己的心说，如果痛苦的收获是成长，成长的代价是痛苦，那么我将深信天无绝人之路。倘若过去的暖阳晒不干今日的眼泪，今日的雨雪淋不湿明日的朝阳，那么我将趁此刻化雪的天空还透着明媚，赐给自己一颗相信明天会更好的禅心！

花儿的凋零，才是真正的盛开。这种觉悟，如生命的韵律，壮丽着山河，也绚丽着它的五彩梦。芳草茵茵的花园，有绚烂多彩的花儿，也有枯萎凋零的落叶。生命的过程里，人人都有花开花落的过程。正所谓，月光指间相扣，道是一夜琉璃梦。生命就像一条东流入海的大河，不可能永远是平坦和宽阔。它有时会激起千层浪，有时又要越过险滩和高山。因此，她不再埋怨命运的不公。因为她已深深懂得，每个人的生命里都有笑有泪，痛苦和欢乐交织的人生才是真正的人生。

花儿的凋零，才是真正的盛开。这种醒悟，如褒誉的真理熏人，使她懂得了成熟守道的女人才是最棒的。罗曼·罗兰曾说，对于一个决不肯随便失身于人的妇女，肉体是骄傲的，肉体比思想更不容易消除怨愤。时间与经历在逼着人成熟，慢慢地长大了，慢慢地成熟了。慢慢地懂了，有的人一辈子只能遇见一次，就算再遇见，也是互相在掩饰和演戏。这个浮躁的世界，我们看世界不应该太过执着，要像看花开花谢一样随意。或许，有些人攒得太久放下太难，但一不小心按下删除，心里却已释然。

花儿的凋零，才是真正的盛开。这种神悟，如佛音袅娜仙姿，使她终于明白了有种爱叫作不要随便放下。佛说：五百次的回眸，才能换来今生的擦肩而过。不知道前世，她到底用了多少凝望才换来他今生的一次深情回眸，执手与共。也许，在相遇的那一刻，她的世界就已为他轰然倒塌。如今，她落落而舞的身姿，在他的凝视中如同蝶舞，注定飞不出他收拢的掌心。她只能微颦妆容，轻挽粉袖，蘸墨生香，在有他的文字中沉沦。

花儿的凋零，才是真正的盛开。这种静悟，如仙如佛，使她深深懂得，善待生命必须淡定从容。忆起陆游的《卜算子·咏梅》：驿外断桥边，寂寞开无主。已是黄昏独自愁，更著风和雨。无意苦争春，一任群芳妒。零落成泥碾作尘，只有香如故。她终于明白，想多了，得不偿失。简单活着，人才会更快乐。因此，尽管那一缕清风，曾惹醉了无数花梦。但她还是希望自己能保持一颗淡定的心，做一个如兰的女子。

花儿的凋零，才是真正的盛开。这种妙悟，如古韵诗律中那朵永不凋零的花，又名华彩四射之瑰宝。它有耐人寻味的绮丽风采，也有独领风骚的侠肠硬胆，它就是众天下文人墨客笔下永远洒脱的诗。诗的飘逸、沉郁、豪放、婉约，就像春夏秋冬永不凋谢的年轮。自由诗中那永远抚琴拂乐扣弦扰心的花开花谢，岂不是花开花谢花又来，花谢花开花满天？

花儿的凋零，才是真正的盛开。这种顿悟，如同上天再造了第二个春回大地，使她终于明白了生命花开的潜规律。潮起潮落的人生，花开，正如我们留不住的青春，藏不住的秘密；花谢，正如我们守不住的经年，止不住的忧伤。但是，一朝雨过，忧伤淡去。一束暖阳，快乐复来。因此，我们必须认清花开时的扬眉吐气与花谢时的扬长避短。这些，其实都不是人生值得悲伤的理由。

花儿的凋零，才是真正的盛开。这种彻悟，如同变位思考的清风，使它终于大彻大悟。同样的一种生活，人的想法会让它变得悲凉，也会让它变得幸福。面对人生，面对挫折，面对一无所有，她终于明白乐观处世，才能悟出人生的真谛。爱情，是人生花开的春天；婚姻，是生命花谢的冬天；生儿育女，其实才是花儿真正盛开的季节。因此，生命的过程，不是一分一秒地目睹鲜花凋零，而是一点一滴地感悟果实成熟。

换言之，生活总是充斥着各种辛酸与无奈。其实，只要调整好自己的心态，便万事大吉。忙碌时，做好自己的本分，但不要忘了初衷。闲暇时，可以放松自己，去空灵的世界休憩一会，听听音乐，看看书，打打电话，聊聊天，交交朋友，逛逛街，让神智清爽。但，必须勉励自己多学习。譬如翻翻书，写写日志，码码字，长长知识，将自己的灵魂安放于精神家园，花开花谢，两由之。

花儿的凋零，才是真正的盛开。正如，落红不是无情物，化作春泥更护花。我们的青春岁月、爱情婚姻、事业成就、思想觉悟、个性人生、浪漫放逐、平淡生活、生命旅程、人生感悟、生儿育女，等等，无不与本文主题环环相扣。无论花开几度，花谢为谁，其实，生命的过程都是美丽的。无论结果是一枝独秀、亭亭玉立、倾国倾城，还是三两成群、相拥成海、交汇如诗。总之，无愧于花开花谢的过程，所有结果都是美好的。

把生活活成多项选择

前两天偶遇一位管理女子监狱20年的朋友，我好奇地问她："女人通常因为什么原因犯罪？"

她很严谨地说："你的意思是女性犯罪动因排在首位的是什么，也就是促使女性犯罪最主要的原因是什么，对吗？"

我仔细想了想，说是。

她很无奈地叹口气："感情问题，女性犯罪十有八九和感情，或者简单点说和男人有关，而且，女性犯罪增长率连续三年超过男性。"

我更好奇了，问她："那男人犯罪一般和什么有关？"

她想了想："我了解的男人犯罪原因比较复杂，排名靠前的是暴力、经济、性，等等，男人不太会为爱情去犯罪，性犯罪和因为感情问题犯罪完全不是一回事。"

我说："那女性犯罪的年龄通常都比较低吧？年轻自控力弱容易想不开做傻事。"

她摇摇头："还真不是，反而35～45岁女性犯罪人数最多，你想，因为情感问题而产生的苦闷，在年轻的时候往往选择多出路多，不会想不开就把自己往绝路上逼；而中年不同，多年感情压抑，人生只有这一个支点，结果人到中年连感情这唯一的支点都没有了，怎么能不失去理智拼死一搏？却把未来的生活也毁了。"

把爱情当作唯一支点，坍塌收场；把父亲当成唯一支点，分离结尾；把事业当成唯一支点，挫折难耐。

而她原本可以有完全不同的选择。

女人的一生，所有人都是过客，只有自己才是故乡，可很多人却活反了，把别的人、别的事当成主打歌，自己却变成配乐。

假如顺利，爱情大多会转变为亲情，不是不够爱，而是浓烈缠绵的爱爆发力太强，往往持续不了太久；亲情是一场为了告别的聚会，无论我们是否愿意，父母、子女都会在某一天离我们而去；友情是一出情景剧，不是情义不深，而是生活场景转换，你我心境变迁，即便再见亦是朋友，也很难渗透到一辈子的时时刻刻；事业就像马拉松的目标，过程再长，也终有一天跑到终点，曲终人散的失落需要转移和填补。

而真正豁达的女人，会像大多数男人一样，把生活活成多项选择，就像四条腿的椅子，少了一条腿依旧能够站立，挺住了给自己时间修复；而不是活成一道单选题，好像一把伞，只有一个主心骨，还得指望别人撑着，断了便散成一摊，再也支不起来。

我和女狱警道别离开，感谢她告诉我一个不同的世界和角度。

不要那么早
就对生活失望

尹良说，穷人家的孩子永无出头之日。

她的这个推论源自个人生活经验。前些日子，她回国参加小学同学聚会，发觉大部分男同学们不是猥琐男，就是满嘴胡话的假大款。女同学们在朋友圈里卖包治百病的黑糖膏，或积极地兜售奇奇怪怪的面膜和保养品，拽住一个熟人就"不买不让走"。曾经最有理想与抱负的陈同学，从某二本院校市场营销专业毕业后，前东家倒闭发不出工资，连累得他交房租吃饭的钱都没有。除了能使用手机和电脑，看报纸变为综艺节目，他们的生活与父母辈并无很大的区别。同样是住在小小的房子里，同样是跟不太好的人恋爱，同样是挣扎又贫穷地生活着。尹良自己运气最好，高中拿了奖学金出国，得以某种程度地脱离过去的生活。今年夏天见面时，她已经在一所很知名的学校开始读数学博士。

说起来，我跟尹良认识也有10多年了。她的父母是憨厚诚恳的老实人，在菜市场里卖着新鲜可口的果蔬；我最记得她家卖的腌李子，酸甜恰到好处，非常好吃。当时，尹良念着当地最差的一所小学——大部分的学生到了六年级还拼写不出26个字母。每年小学升初中考试，这所学校的学生表现都极其差劲，没几个人能考上像样的中学。在她六年级的那一年，区里新开了一所外国语中学，招第一届学生。因为招生数量很多，录取比率很高。即使是这样，尹良那所小学，50多个人参加考试，只有她一个人考上了。

事后回忆，尹良说，能考上外国语中学真不是自己的聪明，而全是因为她爹舍得花钱。当时，他听几个来买菜的顾客说，我们区一年后要搞外国语中学。小孩子读好英语，以后能赚大钱。他爸在家琢磨后，觉得有道理，立刻跟人借了一万块钱，给女儿抱了奥数班、英语班，还有吹笛子。在没日没夜地补习后，她从认不清26个字母，终于学到了正常小学生应有的水平，顺利地考入外国语中学。而她的好朋友，陈同学，则没那么幸运了。

陈同学是一位极其有抱负的小孩子，虽家境差，但自小学一年级开始决意考清华北大，当工程师，过上体面有尊严的生活。他写字好看，作业本干干净净，教科书从来不卷边。尽管念了一所挺差的初中，他并没有放弃——每日六点起背课文，睡前必抄牛津字典。初二的时候，尹良与陈同学谈恋爱，据说后者常年批判前者不上进，缺乏宏伟志向。然而，在中考时，尹良顺利地直升了本校的高中部，而陈同学仍然没考上重点高中。再然后，就是一个去了二本，一个去名校读了数学。

每逢我们谈论起两人的命运，她都觉得"其实聪明程度差不多，区别是陈同学要努力很多很多"。她的优势是，在关键的时候去了一所好学校，获得良好教育资源。在外国语中学，学校为学生提供小班制英语教学，与此同时，她也有机会接触到其他的小语种。对比起陈同学读的那所学校，教学质量高得不止一个等级。陈同学一直是年级前十，但比起好中学的孩子，他仍然差得很多很多。由教育资源所造就的鸿沟，随着时间的延长越来越大，直到完全无法跨越。现实，往往就是如此残酷。

我跟尹良的另外一个朋友，树兄，他认为陈同学最大的问题是不够努力。树兄是就读美国名牌商学院的男子，喜爱拿自己的例子来教育大家。他爱说自己雅思曾近仅有5.0，但凭借个人奋斗，去了名校读会计。而他绝不会告诉别人，在申请阶段，他报的是2000块钱的1对1的VIP辅导服务。论勤奋程度，陈同学绝对在我们三人之上——每日早晨5点开始学习，8点钟出门上班，加班加到12点，回家还要读一个小时的书或者听公开课，连续坚持了许多年。然而，年近30岁的他，仍然漂泊在北京，没有房子，没有车子，月入6000元；不敢出国不敢娱乐，甚至不敢恋爱。或许在北京，如他一般的年轻人，多得数都数不过来。

我并不是说努力没有用。但有时候努力可以是很廉价的东西。民工大叔很努力地工作，公司的小白领加班到凌晨三四点，甚至是不少学渣也常常学到深夜。可是，他们又得到了什么呢？他们最后都赢得幸福的人生了吗？我自己读过很差和很好的学校，对于教育资源的重要性深有体会。一所很好的学校不单让简历好看，还意味着跟优秀的同龄人共同进步，拥有正确的训练方法。这些东西，是无法自学，也无法通过"独立思考"得到了。在缺乏相对应资源和指引下，勤奋常常是很没有效率的机械重复。不是开玩笑，在外婆家，我真认识过那些把《货币战争》当作严肃历史资料的小镇青年，他们日夜苦读此书，希望能增长知识。可问题是，这类书能叫书吗？一边为他们奋斗的意志所感动，一边又觉得如果他们能获得好点的教育资源该有多好。

前些天的时候，有一位女生，家境不好，三本毕业，北漂4年，对未来的生活充满迷茫，在长长的信里的结尾写道，"穷人家孩子的出路到底在哪里呢？"这种问题，令人很难回答。我自己身边的那些寒门贵子，无一例外地都占据超越常人的运气，天赋，行动力，并且都早早地进入人生的转折点。当天晚上翻了翻那个女生的微博，我惊讶地发现她都在转发"你弱你有理啊？""穷活该被歧视""没钱被婆家看不起23333"之类的。我替这个女生感到伤心，也替整个大环境而感到伤心——不仅是向上通道变得异常艰难，还有大家对于穷人失去了同情。有时候，穷人也都不再同情穷人。住在北京燕郊的小中产摆出人生赢家的姿态教育北漂；北漂觉得自己在奋斗，看不起留在家乡里的朋友；而小县城的年轻人，也得意扬扬地吐槽着其他弱势群体。对于他面对自己不喜欢的专业课，想的是：哎，如果高考能多几分，就不会来这个专业了；

面对比自己努力的同学，想的是：我不是学不好，只是不想学罢了。

大学4年就这样，恍恍惚惚也就过去了。

再然后找了一份自己不喜欢的工作，一直没有弄明白自己适合做什么，想做什么。直到几个月前来北京，来到现在的公司。现在的工作做得很开心，朋友形容我：每天都是打鸡血的状态。但主要原因不是工作内容换了，而是自己心态变了。所有的工作，就算内容有不同，性质都是一样，不断重复，不断试错，不断适应。

总把自己的失败归结到外在因素，当然是可以起到暂时安慰自己的作用，然而并没有什么作用。

我之所以有不愉快的想法，不过是当时的自己状态不好罢了。

前几天和一个情感作家聊天，正好聊到这个话题。他说："亏得当初没有好好念书，光顾着谈恋爱，否则现在怎么会有机会写书？"

我之前写的文章大概也说了这么一个道理，有时候，并不是好事成就了你，反而是那些让你痛苦、恶心的事情成就了你。

所以，过去不好就不好呗。那又不代表你的整个人生。

常常嚷着"当初努力一点就好了"的人，最大的问题是，他们现在也依然不会努力。心态不好的人，上次机会错过，这次也会错过，下次还会错过。

当初不好好念书的人，现在好好念书，依然可以实现理想。

当初不好好工作的人，现在好好工作，依然可以升职加薪。

沉浸在后悔、纠结、不安、迷茫的情绪中，才是真正的浪费生命。

永远有弱者心态的人，成不了强者。

永远有怨妇心态的人，只能是怨妇。

抱怨没有用。后悔更没有用。

想找借口，随时都可以找嘛。

去年看了男神韩寒导演的《后会无期》之后，一直把主题曲《平凡之路》作为自己的手机铃声，至今没换过。

电影里有句台词很经典：听了许多道理，依然过不好这一生。

是啊，听了很多道理，但是从来没有记到脑子里去过，自然是过不好这一生的。

状态不对，不如停一停

有个朋友给我留言，说她感觉自己的生活很无聊，都是上班、下班的重复日子，而上班做的东西都是差不多的，很枯燥，感觉生活太没意思了。

看到朋友给我的留言，说实话，我仿佛看到了以前的自己，某段时间，我自己也是这样的一种状态。

大学的时候，我是个很上进拼搏的人，也因此成为很多老师在给低年级的师弟师妹讲课时的例子。我像其他同学一样参加各种各样的社团活动，奔波于好几个社团之间，希望多点见识提高自己的能力；我希望能够自己赚点小零钱，养活自己，所以我做各种兼职；我想要在毕业时自己的简历上能够有我获奖的更多经历，所以我参加各种比赛；我希望能够拿到奖学金做自己的生活费，所以我拼命努力，每年都拿到一等奖学金……

我就是一个在别人的眼中，感觉很厉害、很上进而且很有目标的人；可是，在自己看来，我每天过得很充实，有各种各样的工作可以忙，可是当自己静下心来，我却不知道自己内心想要的是什么，我不知道自己的目标是什么。

每隔一段时间，我都会跟闺蜜一起出去透透气，每次跟闺蜜出来，闺蜜总会跟我说，不要走得太急，不要总是追求结果，你要学会停下来，看看沿途的风景。你走得太急了，会忽略了身边很多的人和事。

我知道自己的内心很急躁，我不知道成功是什么，怎样才算成功，但是我却一直把一个自己未知的成功作为自己的目标。或许是忙碌给了我充实的感觉，让我觉得离成功越来越近；或许是别人眼中优秀的我，给了我满足感，让我觉得有所成就；就这样，我一直停不下自己的脚步，一直带着急躁的心，向前走着，每天做着很多事，可是内心却感觉空空的。

到了大三的暑假过后，我发现大家都纷纷地找到了工作，踏入各自的工作岗位。而此刻的我，仍然没有开始找工作，对于当时很急躁的我，我的内心很急，我担心自己比别人晚踏入工作岗位，自己就会落后于别人。但是，我却不知道自己想要怎样的工作，我又急又迷茫。

在这个时候，我看到朋友圈里面一个师姐分享的图片，是关于她们公司聚餐以及公司的各种活动的。我问师姐说，你们公司怎么样？师姐说，公司待遇很好，你可以试一试，最近也在招聘。

就这样，我完全没有目标，看公司招聘的几个职位，我从中选择一个职位投简历，接下来是收到了公司的面试通知，进去之后进行了3轮面试，还好自己长得还算对得起观众，再加上自己带着大学一些比赛的作品，给面试官留下很好的印象，最后就顺利通过了面试，进入了公司。

这就是我的第一份工作。回到前面朋友说的状态，我在这份工作中，某段时间，我也是这样的状态。我每天的工作就是对着电脑，写东西，进行发布，统计咨询量，每天就是重复着这样的工作。我自己觉得很枯燥，每天起床，想到要去上班，我整个人心情都很差。当然导致上班很不在状态，每天感觉自己脑袋跟肉体不在同一个频道。

我感觉自己很不对劲，很想要换工作。但是，我每天都会很认真地完成工作的任务，在不到半年的工作时间里，我的工资飞速地增长，跟全班的同学相比，我的工资是最高的。我的父母看着我在公司的成就，看着我的工资水平，一直不同意我辞职，他们生怕我接下来的工作会比这个更差。而我是个乖乖女，我也不知道自己如果换工作会如何，我也害怕差距太大，所以我暂且听从了父母的意见，没有辞职。

可是，枯燥的工作，每天上班、下班，重复的生活，每天晚上加班到七点多，一个小时的车程回家，回到家吃完饭，洗完澡，十点左右，自己感觉很累了，便躺在床上休息。这种生活，给我的感觉很不是滋味，但是，我却不得不逼自己去坚持，但是我的内心很难受。

带着内心蠢蠢欲动的想要换工作的念头，我瞒着身边所有人，下班时间开始投简历，接到各种各样的面试，然后请假去其他公司面试，我很想知道在其他公司工作是怎样的，究竟会不会比我现在的更有趣。

可是我去面试的几家公司，给我开的工资，是我现在工资的一半；面试一家房地产行业的策划助理职位，面试官说这个职位会经常出差，而且有项目的时候会一直加班熬夜，如果你实在想进来，你要先做好心理准备；面试一家孵化器企业，面试官问我，你最想要的是什么，你进入这个企业最想得到的是什么，我瞬间懵了，这些，都是我没有去想过的问题，我实在不知道怎么回答。

就是从这几次的面试后，我开始去思考我的工作，去回忆我大学乃至工作以来的这段时间，自己所做的一些事。

回到前面的问题，在刚开始工作的时候，我们并不会觉得有多么的枯燥，我记得刚开始工作的时候，由于是刚踏入社会，自己反倒觉得很有新鲜感，感觉一群人一起做事，会做出什么惊天动地的项目出来；记得自己拿到第一份工资时，那种喜悦，感觉自己的努力有了报酬；可是新鲜感并没办法长久下去，一直在重复着相同的工作，我们会感觉枯燥，感觉学不到东西，感觉很无趣，我们自己也慌了，感觉迷茫。年轻气盛的我们，渴望的是能够有一份工作可以展现自己的水平，往往，我们忽略了自己的内心，忽略了身边的人与事，也忽略了每天学会去思考。

那段时间后，我开始学会去思考，去想想自己能够从现有的工作中获得什么，想想自己究竟想要的是什么，我找到了适合自己的定位，心里也不再恐慌。下面分几点说一下自己的一些改变。

第一点，就是我先分析自己每天在做的事情，我每天的工作都会写东西，那么我会从中去总结。通过客户的咨询量，去评估自己写的东西是否适合市场，不断地提高自己写作能力。

可是每天除了工作之外，我感觉心里好像缺少了点什么，所以我在下班的时间，会看看书，然后将自己的灵感写下来。我不再是像写日记一样记自己生活的流水账，而是将看书的思考跟自己的生活相结合起来，提炼出一个主题，把自己的收获写出来。这也是我开始经营这个微信公众号，上知乎表达我自己观点的原因所在。我想做一个有实际意义的公众号。

第二点，我学会去观察身边的一些人。我刚进公司的时候，是做经理的助理。那个时候，我看到经理就会很紧张；进经理的办公室，我会紧张到手抖，讲话支支吾吾的，然后每次经理都会跟我说，你不要紧张。我觉得经理是一个很厉害的人，所以每次见到她，我都很怕，也感觉很自卑。现在，我克服了这种恐惧，因为我觉得没有一个人天生就是厉害的，都是慢慢学习积累的结果，我开始学习她表达观点跟分析项目的逻辑能力，然后把有用的部分记下来。

我觉得我很幸运，经理给了我机会在她身边一起做新项目。项目组的人会经常开会，我是一个不太擅长表达的人，但是，渐渐地，我学会提炼自己的观点。另外，我会在每次开会的时候，就算跟领导聊天，我都要带上笔记本，不是为了表现我认真，而是我需要随时记录别人不经意的一句话给我思考的灵感。

第三点，去分析定位自己，寻找自己身上的特色。如果一个人没有自己的特色，而是大众化，那么注定你是没办法与众不同的，或许你会过着跟大部分人一样的生活，或许你做的工作，别人也能够替代你。

记得公司招了一个29岁的姐姐，跟我一起做新项目，虽然她已经工作了好多年，按理说，她是我眼中的那种有很长工作经历的人，可以跟我一起搭档，让项目进展得更好。但是恰恰相反，她做的工作，其实我也能够完成。而最后，这位姐姐在领导的考察下，没办法过关而离职。

我开始去思考我自己的独特性，我害怕当自己接近30岁的时候，自己没有自己独特的一技之长，而不被社会所接受，无法养活自己。我觉得一个人在社会上是需要有自己的价值的，在公司，你能够做到，当你想要离开公司的时候，公司的领导会觉得你的离开对公司来说是一种损失，从而想要留住你。

趋于这种害怕，我开始去思考，让自己在每天的工作中，能够提炼自己的独特性，例如我写的东西，别人没办法模仿我；每天都尽可能让自己的咨询量在增加，让公司觉得我是无法取代的；而在稳住工作的同时，利用下班之余，我会不断地学习新的技能，看书，思考。当别人问起你，你自己有什么擅长的，有什么特色，你的存在对公司有什么价值的时候，你可以跟大家说，而不是让自己成为一个可以取代的大众化的一员。

每个人都在为了生存而努力，我不是富二代，我没有办法靠着父母养着我，我需要自己努力去养活自己。而此阶段的工作目的，也是为了能够让自己生存下来，能够更好地提高自己的生活质量。工作有时并没办法让你随心所欲，生活本来就如此，改变不了生活，改变不了工作，其实我们可以改变自己的心境，改变自己的思考方式，换种角度去思考，在思考中执行，去前进，反而会收获更多。

当你觉得生活枯燥，工作无聊的时候，停下来好好地思考，再去前进。

别在不安时做选择

尝试过飞翔的滋味，还能平静地对待大地吗？

一旦尝试过飞翔的滋味，走在大地上你就会时刻仰视天空，渴望再次回到那里。

——列奥纳多·达·芬奇

"他这是要去哪儿？"年轻的机器操作员问。

"去修理机器。"一位经验丰富的同事苦笑着回答。

"可机器就在这里啊，"年轻人穷追不舍，"他却朝休息室走去！"

"没错。"同事回答说。

查理·米切尔和他的维修团队忙碌了将近一小时，依然没有修好把加热钢铁压成钢板的机器。查理建议不用继续白忙活儿，大家就都散去了。

"现在可不是休息时间！"年轻人对着渐渐离去的人群大喊，"这个东西必须要修好运转起来——我们已经落在后面了，再不修好，就要停工，后果会很严重！"

查理听到了年轻人的不满，却没有停下脚步。然而年轻人的催促似乎让他原本就很慢的步伐更慢了。查理身材短粗，胸膛厚实，走路的时候粗壮的手臂在身体两侧晃来晃去。他留着小胡子，泰迪熊一样的圆圆脸庞，走起路来左右摇摆，有人说他像《星球大战》里毛茸茸的伊渥克人。

查理对这样的话语很不以为然。实际上，他对任何事情都不以为然。查理对自己的生活和存在之道颇为满意。他很快乐，他的快乐从不以外界环境和他人的评价而转移。

"可是他在休息室怎么修机器？"年轻人问。

"查理说一杯咖啡足以解决大部分问题。我觉得他有自己的道理。自从他开始领导维修团队，工厂的运作就一直很顺利。如果查理想停下手中的活儿喝杯咖啡，就必须要停下来。我支持他！"

年轻人满脸通红，他褪下厚厚的手套和护目镜，冲进了休息室。查理正和团队其他成员坐在里面喝咖啡，天南地北地聊着天，却只字不提如何维修机器。

"这是什么意思？"年轻人大声质问道。

"什么是什么意思？"查理带着温和的微笑问，他说话带着浓重的亚拉巴马口音，每个词都拉得很长。

"你可以用一杯咖啡解决问题是什么意思？"

"哦，"查理一边吹着咖啡一边拖着长音说，"如果你从各种角度来研究一个问题，却依然找不到解决方法，那你最好完全弃之不理。当你带着清晰崭新的目光重新回来，就会看到答案的所在。"

年轻人目瞪口呆地站在原地。

查理朝他扬了扬杯子，说："孩子，你瞧，答案其实就在我们眼前，只是我们找得太着急。只要我们稍微往后退一步，就会看到答案。"

他们果然看到了答案。十分钟后，查理的团队再次聚集在机器前，答案似乎自动跳了出来。机器修好了，整个轧机重新运转起来。

如今查理已经从钢铁厂退休了，不再担任维修团队的组长。他可以自由追求自己的两大梦想了：飞行和教别人飞行。

"每个人的学习过程都不尽相同，"查理说，"我教过几百人飞行，在此过程中我学到的是：要根据每个学生的优势和局限因人而异地进行不同的训练。有时候我会暂时逃离训练，细细品啜咖啡，给自己一些超脱的时间，那样我就能想出最适合某个学生的训练方法。"

　　如同本系列故事中的所有人一样，查理也认为快乐是种选择。快乐需要培养和锻炼，它会像肌肉一样越来越强壮，逐渐成为我们身体的一部分。

　　"从飞行中我们能学到很多生活道理，"查理说，"驾驶飞机是快乐生活的精彩隐喻。"他用这种隐喻讲述了三条关于快乐的道理。

　　1.飞行需要阻力。

　　托起飞机的上升力来源于空气压迫机翼产生的阻力。推进器能够推动飞机前行，然而让飞机飞起来的却是冲击机翼的空气。

　　"人们遇到生活的阻力就会觉得不自在，"查理说，"可是事实并非如此。你若前行，就一定会遇到阻力，正是阻力让你飞翔。你应该期待阻力，因为阻力的存在说明你在不断向前。"

　　假如你想尝试新鲜事物，刚开始你会发现它远比你想象的要艰难。查理解释说："你可以把这当成放弃的借口，也可以将之视为一种暗示，暗示你要更加努力，变得更好。你可以放弃也可以继续努力，这是你的选择。"

　　查理接着说："阻力能让你明白自己当前的状况，你会借此不断改进，奋勇向前。"

　　对于信仰亦是同样的道理。如果他人反对你的观点，就给了你一个审视自己的机会，看看你是否真正相信自己所说的，若是，则进行阐明或改进，进一步强化自己的观点。

　　2.两次深呼吸。

　　若想成为全程飞行员，要经过一系列的训练过程。第一步就是要通过目视飞行规则（VFR）飞行员认证，这意味着你只能在晴朗天气飞行，还要远远避开云层。

然而，对于大部分飞行新手来说，无论怎样密切监视天空情况，总会无意中飞到云层中。这种情况异常危险，因为他们会迷失方向，根本不清楚自己在朝哪里飞行，也不知道飞机是在爬升还是下降。这种情形下很容易产生眩晕，让人陷入恐慌和悲惨的处境。

当VFR飞行员飞进云层，他们的第一反应往往是尽快出去，可是这样的做法是错误的。

正如一杯咖啡可以解决大部分问题，查理建议困于云层的飞行员缓慢深呼吸两次。"这样你就可以放轻松，心情也会平复下来。然后你就可以平静处之，而不是恐慌处理。"

"当我们在生活中遇到问题，"查理接着说，"往往会急于寻找解决方案，而不是给自己一些时间认清当前的处境，然后做出明智的选择。无论你是在天空中翱翔还是在生活中翱翔，如果进入云层，首先要做两次缓慢的深呼吸。"

3. 飞行—导航—沟通。

"飞行过程中一旦出现问题，多数飞行新手会抓起麦克风，告诉地面的控制台。"说到这里查理笑了起来，"可是你在离地5000英尺（1英尺≈0.3048米）的高空中，地面的人又能做什么呢？"

"这样是不对的。"查理说，"首先要做的是飞行——让飞机照常飞行，要确保自己的高度很安全。然后是导航——确保自己在正确的航道上。最后，做完以上两件事情之后才可以跟相关人员沟通联系。"

当生活中出现问题，我们首先需要飞行——尽量拔高我们的态度。我们要鼓足勇气，坚定信念，心怀感激，让我们的内心飞扬起来。

然后我们需要导航——选择道路。如果在不安的时候做选择，就很容易选择错误的方向。

最后，我们需要沟通。出现问题后，很多人会沟通、沟通、沟通，与每一个人沟通，向每个人散布夸大自己的问题。但唯有在你达到自己内心的制高点、选定前行的道路之后，才可以向他人诉说自己曾经的处境，他们会一路给予支持。

哪怕面临阻力也要选择快乐生活，当你飞进困难的云层中要深深呼吸两次，谨记首先要飞行（设定高度），然后导航（选定道路），最后再与他人沟通。

如果所有努力都宣告失败，不妨去喝杯咖啡。

放心，下一个路口就会看到精彩

[1]

人的一生，应该像一杯清茶，一点一点地浸泡，慢慢地品尝，细细地回味，在氤氲的茶香中慢慢体会清香的悠远滋味。

并不是所有的人都能够让心灵安静下来，做到处变不惊，从容淡定，物我两忘。面对尘世里种种的诱惑，有多少人放弃了操守与品格，把自己送到了悬崖边上？

其实，很多时候，你需要的，不是万千财富，而是一壶清茶。一个人，在雅致的茶海边，泡上一壶清茶，那清幽的茶香，会让你放下生活中的种种复杂，会让你慢慢思索和感悟，会洗去你心灵的尘埃。那袅袅的茶烟，也一定会给你清澈的领悟，让你的那一刻变得生动而博大，更会让你变得轻松而旷远。

生命中没有永远的精彩，也没有永远的不幸，岁月之河在经过了大浪淘沙的波涛之后，最后一定会归于平静。生命轮回，春秋荣枯，这烟火人间里的滋味，我们安静下来之后，自然会能够参悟。而明白了这些之后，我们又有什么不能够放下的？

如果能够邀请我们的家人一起，或者邀请我们的朋友一起，来品尝茶的滋味，那番情景，就不是一个温暖能形容的了。那份相守，那份瞩目，那份亲切，胜过多少冷静的承诺，胜过多少遥远的眺望啊。

对于我们来说，人生中的所有的需求，其实我们都可以很简单地就可以拥有，不同的是，我们是否可以以一颗平静淡定的心，从容看待人生里的苦乐悲欢。

山水从不问人间恩怨，也不关心人生沉浮。

一壶清茶，自会带我们去山水之间，忘却尘世的云烟，放下人间的恩怨，享受自然的鸟语花香。

一壶清茶，能让我们笑看浮云流水，能让我们放下心中的块垒，更可以让我们走向山川，拥有博大的胸襟。

[2]

苏东坡那句"人有悲欢离合，月有阴晴圆缺，此事古难全"，千百年来让多少人为之倾倒，为之惆怅。在我们的心中，月就是有圆有缺的，每月的十五是满月，每月的初一是一弯新月，这早已经是千百年来人类共同的定论，也为此不知产生了多少美丽凄婉的诗篇。

其实，月亮本身是没有任何变化的，它永远是圆的，我们之所以看到了它的圆缺，是因为我们所处的地球有时候遮挡了它的身影，才让它失去了自己本来的容颜。

月亮并没有变，是我们让它变了。

人类早已经登上了月球，那里是一个没有水，没有植物，没有生命的荒漠。但是，千百年来，在我们的人类世界里，月亮上发生了多少美丽的传说。

这一切美丽的故事，在月亮上都没有发生过，是我们一厢情愿地让它发生了。

我们的人生一如我们对月亮的赋予，很多时候，世界本来并没有变，生活本来并没有变,别人本来也没有变,可是我们自己却把自己搞得惶恐不安,那是因为我们缺少了一分清醒,是我们自己的虚妄遮挡了我们的眼睛。

世界本来的面目总是隔着一层纱,如果我们有一双明亮的眼睛,我们就不会迷惘和困惑,在红尘路上,活出自己的那份淡定与从容。

[3]

秋意浓了。

坐在窗前,端着一杯刚刚浸泡的茶,眺望着蓝天白云,享受着这深秋的阳光,让窗外的景色慢慢梳理着繁杂的心绪。

是的,不论我们是辉煌过还是失败过,时光一如江河的流水不能倒流。如果陷入回忆,我们不过是撑一只竹筏,逆流而上,去岁月的河流里寻找那已经没有任何意义的曾经的快乐与忧伤。那些如烟的往事,都早已经风化成时间的化石,在岁月的风尘里定格,不论我们怀着多少虔诚与不舍,它们都不会再改变丝毫的色彩。

我们唯一要做的,是放下,不要再让那些回忆固执地潜伏在你的内心里。那些辉煌,只不过是你过去的成功;那些过去的失败,也只能说明你过去没有做好,它们对于今天的你已经没有什么意义。我们要放下那颗纠结的心,让心灵清洁干净而轻松,以"人生本无蒂,飘如陌上尘"的境界,去人生的下一个路口。

古人说"山重水复疑无路,柳暗花明又一村",说得多好呀,古人就是一再提醒我们,总有下一个路口在等待着我们到达。我们的过去,不是因为我们没有追求,往往是因为追求太多而束缚了手脚。不是我们没有期望,也往往是因为欲望太多而迷失了方向。

很多时候，我们是因为出发了太久，而忘记了出发的目标，让自己迷失在了行走的路上。那么，我们就整理心情，修正坐标，找对方向，去下一个路口吧。

下一个路口，就是人生的重新选择、重整旗鼓、重新再来。只要你怀抱着必胜的信念，把烦恼放下，把遗憾放下，只要你记得自己曾经的失败，只要你不愿意输掉自己，你的经验就不会让你重蹈覆辙。

下一个路口，是我们对自己神圣的期待，更是我们对生命庄严的承诺。只要我们准备好了一颗心，放下人生的块垒，拂去眼前的浮尘，我们在那个路口，就一定会收获人生的惊喜。

让每个今天成为最好的昨天

[1]

前段时间,接到闺蜜的电话,说家里出事。老人突然感觉身体不适,一查已经是重症。我不知道要以什么样的姿态安慰,只能说几句事不关己的宽慰话,说接下来这一个月得难熬了吧。

在医院工作的闺蜜苦笑说,哪可能会有一个月啊,能有一周就好了。结果,情况真的就在几天里急转直下。直至撒手人寰,不过数日。说实话,我很难过。不仅是因为对方是我的闺蜜,更是因为这世间,太多的人和事,从没想过分开,一下就已经到了告别的时刻。

[2]

如今仍然会做亲人离去的梦,每次梦醒,惴惴不安。

记得小时候,电视上在放老版《水浒传》。演到李逵接自己的母亲去梁山享福,经过沂岭,母亲口渴。老虎趁着李逵去给母亲找水,把母亲吞入腹中。李逵找水归来,可怜母亲只剩下一堆撕碎的衣物。

年幼的我被此景吓到,大哭不止,家里人赶紧换了频道。

恰好这时候换台到一段歌手陈红在唱歌,搞得我在之后的很长时间里,看见陈红的脸也依然害怕。

哪怕她涂着一脸红胭脂，一脸温柔似水地在春晚上唱《常回家看看》，我也总觉得她和李逵打虎有着莫大的联系。后来逐渐年长，日子渐趋顺遂，可是我发现，其实世事依然无变，我们总以为日子在处变不惊、细水长流里过着，可真正的告别从来都猝不及防。

人生里所有遇到的人和事，我们原本以为是坚硬石头，到头来都是一吹就散的细沙。

[3]

小的时候，在福建三明拍了微电影。

因为要回学校，所以最后的庆功宴没有去，心想反正补录音时还能再见。

那时候和一个同组的当地小姐姐很要好，约好补录音的时候见面。

她说镇上有个祠堂，堂外搭了一个宽敞漂亮的戏台，周末的时候都有戏班子在台上唱大戏。

那时候的我不太喜欢看戏，只因能和小姐姐在一起，便心花怒放地期待着。

我到了临离开时，还心心念念着那个戏台。

她也说，好啊好啊，等你哪天回来补录音，我们再见上一面，到时候我给你带一些家乡的好吃的。那时候总以为，应该很快就能再见了。

后来就被通知，不用来补录音。我在电话那端说着"好的好的"，挂下电话就哭了。

不是因为分离而哭。很多相聚，其实在一开始的时候就准备好了要离别。

我只是遗憾。后悔为什么没有赶在离开的汽笛响起前，拉着小姐姐去看一眼戏台。

我每次都是那么仓促地离开，那是因为我总以为相逢会有时。如果我知道那是最后一次见面，我一定认认真真地说声再见。

[4]

记得电影《再见，我们的幼儿园》的最后，康娜从佑实的病房里出来，走完一段路，突然放声大声哭。"……老师，怎么办呢，我忘了说再见……"

我都准备好了要离别，但却忘了说再见。

我们约定着不远的聚会，满心期待着在下一次离别的时候说再见却突然要面对永远的离别。

——好遗憾呢。都没来得及说再见。

——要是能说句再见就好了，这样我就能蹦蹦跳跳地跑向下一段旅程了。

没有忧患的生活让我们沉湎其中，以为每次相见都是永恒。

但我想，你不是小孩子了，应该多知道一个关于这个世界残忍的规则：原来几乎所有的告别都发生在一瞬间。

在 deadline 之前没有把事情做完，来不及在亲人离去之前表达完自己的爱意，不敢对因我们曾错手中伤的人说一声抱歉。

我们以为手机、网络、社交媒体的发达，就会使我们放心一路远游。但这时候，上天可能已经开始在你身边的某个人身上，放下了计时沙漏。

[5]

如果用美好来释意这残忍的规则，那么它会是：所有的告别都发生在一瞬间，所以才珍惜和你在一起。

最近经常有人事变迁太快的感觉。想想懂事不过第一个十年就这样，再过了十年、二十年、三十年，怎么办？

真想笑一句，蠢人多虑。

原来所有的告别都发生在，我们日后想起来觉得平平无奇的那一天。

如果活着的每一天都会是告别，那么就在明天的告别会上，让每个今天成为最好的昨天。

爱够想爱的人，做遍想做的事。走一场此时此刻闭上眼睛也不去后悔的人生。

跟别人不一样也不妨碍你的寻找

直到现在，我都非常羡慕那些在生活中特别会"来事儿"的姑娘。

她们总是很有自信，能把自己和周围的人都照顾得很好，让人感觉如沐春风而又不着痕迹。她们知道在不同的场合和不同的人应该聊些什么，有她们在永远也不会冷场，而且她们善于观察他人的心意，总能先人一步把别人期望做的事情给做好。遇到麻烦的时候，她们稍稍撒点娇，问题就可以迎刃而解。最重要的是，无论她们怎么做都显得那么自然，毫不突兀，让人觉得特别舒服。

而我简直就是这些姑娘的反面。

如果要我形容一下自己在待人接物时的态度的话，大概只有"尴尬"二字最为贴切。早年间我观看小津安二郎的名作《东京物语》的时候，感到片中的老夫妇分明就是自己。他们去陌生的大城市东京探望自己的孩子，在狭小的居所内似乎显得大而无当、碍手碍脚，他们生怕自己的一举一动被儿女们嫌弃，因而总是小心翼翼，总感觉给别人添了麻烦。在陌生的环境中，他们是那么的尴尬和弱小，仿佛是多余的存在。

我和你、与这个世界上大多数的人一样，有时候与这个世界没有默契，就像明知道应该要往东走，可是控制不住，最终的结果总是南辕北辙，不尽如人意。明明知道该怎么做，可是就是做不好，这是最让人困扰的事情吧。

从小我就是个不会叫人的孩子，总是紧紧拉着父母的手，紧抿着嘴，一声不吭。直到现在我还记得那些弯下腰来逗我的叔叔阿姨的样子。他们开始总是笑得很和善，说："叫阿姨啊，小丢。"父母也跟着附和："叫啊，叫阿姨。"可我总是张不开嘴，把头扭到一边。

渐渐地他们微笑的嘴角耷拉下来，脸也微微涨红了，神情也似乎有些困惑："小丢乖，叫阿姨，阿姨带你去吃蛋卷冰淇淋。"他们还在徒劳地努力着。

可我还是摇头："不吃。"

最终结局总是以大人们投降而告终，我父母也感到不好意思，连连向人道歉："这孩子，就是不讨人喜欢，不会叫人。"

其实并非我个性乖张，我只是觉得不好意思，当时的我还不懂得什么叫尴尬，却早早地学会了制造尴尬的气氛。

告别了懵懵无知的幼儿时代，我对周边事物的反应愈发敏感，"尴尬"二字便如影随形，始终没有甩开过——可是我对外还偏要做出一副镇静自若的样子，搞得自己和别人都很累。事实上，我活在他人的眼光和议论的恐惧里，每次被别人仔细打量的时候，总是感觉自己做错了什么。我希望自己被别人注意，但同时又害怕被别人注意，这像是一个巨大的悖论。

在学生时代，这个问题还不是很明显，那个时候对老师来说学习成绩才是第一位的，别的都无所谓。对我自己而言，我不是个会来事儿的姑娘这个事实，顶多会偶尔带给我一些懊丧，毕竟做个人人都喜欢的姑娘是件多让人向往的事儿啊，那样会赢得更多来自同性的友谊，也可能会赢得更多男孩子的爱慕。因此，我会用自信的外表来掩饰我内心的紧张，我越是觉得自己笨拙，就越要表现出看不起那些会来事儿的姑娘。我武断地认为她们都是没有内涵的"绣花枕头"，于是和好友们着意看艺术片、听摇滚、写颓废阴郁的文字，以此来证明自己是个充满个性魅力、有人生追求的姑娘。

我用我所认为的优势来抵消我的怯懦和尴尬，我全心地投入到阅读和写作中，就像勃朗特姐妹和简·奥斯汀那样，因为我们知道自己永远不会是舞会上的焦点，因此我们需要用我们自己擅长的事来平衡自己的内心。那些擅长的事情像救命稻草一样，把我们从失意的泥沼中搭救出来。那是我们找寻到的一种独特的与这个世界达成默契的方式，在这个我自己掌控的小小世界里，我不必刻意讨人欢喜，也不必觉得尴尬。在这里，每个人都可以耐心地倾听我的声音，从而可以透过我略显疏远的外在表现直达我的内心。

但暗地里，我依然幻想自己也能成为一个会来事儿的姑娘，可是我的种种努力在我看来不过是东施效颦。这种挫败感在我刚入职场的时候特别明显，我始终学不会大方得体地微笑，也不具备迅速和同事打成一片的能力，和上司待在同一部电梯里总找不到合适的话题，只会说"今天好热啊"，或是"今天真冷啊"，说完了感觉自己都要石化了，实在是蠢得可以。夜晚我在脑海里回放这些场景时，默默地想如果再给我一次机会，我会说点儿什么别的。可是真的有下一次机会的话，我依然是张口结舌，不知所措。

与我形成鲜明对比的是同时和我加入公司的小薇。她开朗大方，每天都能很亲切地问大家早安，并且露出甜甜的微笑，她会很贴心地和大家分享她带到公司的午饭，并且不露痕迹地夸赞女上司的衣着并很快地与女上司交流起穿衣经来……这些都是我可望而不可即的。当时的我绞尽脑汁地希望可以给我的女上司留下一点深刻的印象，甚至我认为她恐怕连我的名字都没记住。所以，当她在月度总结会上，宣布我是"最佳新人"的时候，我简直以为我还沉醉在那个我编造的玛丽苏幻境中没有清醒过来。我到现在还记得她鼓励地看着我，说："李小丢的稿子写得很不错，比你们在座的很多老人都强。"

这是我第一次意识到，原来不会来事儿的女孩儿也会被人欣赏、认可，原来人生并不仅仅是学会讨人喜欢便可以一往无前。

后来有一次我无意中和女上司聊起我们这一批新人，她说我和小薇是最出色的两个人。

"但是你们完全不同。"她哈哈笑着说。彼时我们已经非常熟稔。我缠着她让她说说我们有什么不同，她有意避而不谈："你别装傻，你们个性完全不同还用得着我说？我就说说你们的未来吧。"

"哦？"我十分好奇。

她接着说："小薇适合嫁个有钱人，她出得厅堂、入得厨房，在家可以相夫教子，出去在外面也拿得出手，嘴又甜又懂事，什么复杂的家庭关系对她来说都游刃有余。你看她做出镜主持人时把那些大咖哄得那么高兴就知道了。"

"那我呢？"

她故意皱起眉头："你就完啦，只能靠自己！脾气直，性子倔，像茅坑里的石头又臭又硬，不会拐弯抹角，不会说好话。你这辈子就是老老实实靠自己本事吃饭的命，快写你的稿子去吧！"

我笑着关上了办公室的门，心里还挺得意。那时我没有想到，多年以后，我和小薇的人生际遇居然和她所说的完全一致。

也是从那一刻起，我开始懂得，我不必勉强自己成为什么样的人，只要我有自己坚持去做的事情，并且能从中寻找到乐趣，那我就不会被这个世界所摒弃。也许这就是造物主的神奇，每个人都是独一无二的个体，拥有不同的样貌和个性，然而就算有再多不同，我们也可以用不同的方式接近同一个梦想——被这个世界所接纳，并且找到最适合我们的位置。

有为梦想的拼搏，也有欣赏美的闲情

小茹是一个进公司不久的90后姑娘，刚大学毕业半年多的时间，是HR校招时招进来的。

从简历上来看，这是个"能文能武"的姑娘。当时，招聘的岗位很多，HR问小茹心仪的岗位是哪个，小茹当场就把那些行政岗和后勤岗，全部给否决了，理由是这些岗位过于安逸了。小茹心仪的是销售岗。HR觉得是捡到宝了，这姑娘优秀且善于挑战自我。

经过一段时间的岗前培训，小茹就踏着青春激扬的步伐来公司报到了。

HR没有看错，这果然是位"文能提笔安天下，武能上马定乾坤"的好姑娘。这姑娘工作起来就像她走路的姿态一样，朝气蓬勃，铿锵有力，像一个赶赴战场的女战士，豪情万丈。

大部分的时间，她像很多做销售的人员一样，去各大终端走访、市调。其余时间，她会在办公室和形形色色的合作伙伴电话交流、谈判。你能听到她时而和风细雨，时而拍案而起、横眉怒骂，就像一场很戏剧化的电影，你永远猜不到下一秒的剧情，但是每一秒都精彩。

小茹就这样日复一日地早出晚归，把青春奉献给拼搏，不给自己一丝喘息的时间。偶尔有年长点的同事与她聊天，语气半是赞赏半是心疼的时候，小茹就扬起笑脸，认真地说："我年纪不小了，再不努力就来不及了。我中学同学都是某公司的品牌总监了，我小学同学都创业自己当老板了。跟别人比起来，我落下的功课实在太多了，要抓紧时间补课。"

某天，小茹在朋友圈看到同事分享的一张满地黄叶、意境非凡的图片，顿时大惊小怪，如见仙境。

可是，同事鄙视地告诉她，这张照片就是公司周边的景色一隅。小茹很沮丧地意识到，自己从来没注意到这些风景，虽然那是她上下班的必经之路。接下来，她频频震惊地从别人的生活里发现，她不曾关注的东西还有很多：路边一群小花的盛开，下雨天树叶沙沙作响的声音，一朵晚霞爬上黄昏的缤纷，更别提那些事关内心的诗情画意。

小茹就这样被心中的那头猛虎吞噬了所有的生活，难以发现一朵蔷薇的优雅和温柔！

诚然，每个人的心中都应该有一头叫作理想的猛虎，它能给予我们铿锵前行的勇气和力量。

心中有了那头叫理想的猛虎，我们前行就有了目标牵引，不会虚度光阴。若缺失了这头猛虎，青春就会缺失沸腾，变得暮色沉沉。身边也有这样的人，每日得过且过，漫无目的，随意游荡，连下一秒的脚步怎么迈出都显得懒散不堪。

然而，凡事都会过犹不及。这个世界似乎任何事情都在追求快，追求成功。读书要趁早，出名要趁早，创业要趁早，发财要趁早。我们甚至旁征博引，引经据典，拿历史人物在我们同龄时的成就做自我激励，时刻告诫自己再不奔跑就来不及了。于是，我们内心那头猛虎昼夜不眠，寝食难安。

终于，我们的生命变得只剩下了，也只容得下那头猛虎。我们怕来不及成名，怕来不及发财，怕来不及站在聚光灯下，所以我们来不及在路边稍作停留，来不及欣赏一朵花开。但是，总有人更快，总有人更成功，所以，我们心中那头猛虎日夜膨胀、变大，在前面撕扯着我们、在身后追赶着我们。

我们开始时刻追着时间疯狂奔跑。我们变得心中不装明月，难容清风，只剩一头猛虎日夜咆哮。我们也失去了对"猛虎"之外一切事物的耐心，暗自承诺自己，若日后有所成，我定补回清风明月、闲暇情趣。

我们就这样变成了"猛虎"的奴隶，被它所奴役。从此，我们一叶蔽目，把日子过得像上战场的勇士，甚至像一个有今天没明天的"亡命徒"。长此以往，我们的生活终究会被那头日益膨胀的猛虎所毁。

人人都说人生是一场马拉松，拼的是耐力。有时，不懂得合理释放激情，会加速理想的崩盘。绷紧了一根弦，不懂得放松，就会使人生变得没有弹性和力度。一张一弛，才是拼搏和生活之道。满弓拉出去的箭，总有落地的一刻，而涓涓细流虽无瀑布飞泻而下的痛快，却有着持久不懈的激情和饱满。

身边有这样一位朋友，是大家眼中的女强人，给人的却是一副气定神闲的悠闲感。

不是不努力，也不是不加班，她的工作时间也远远超过一般人。但是，她会在工作疲惫的时候给自己一杯热咖啡，会走到窗前放松自己疲惫的双眼，看看路边匆匆赶路的人们，饶有兴趣地猜测他们背后的故事，也会在节假日给自己一场说走就走的旅行。

所以，她不仅知道如何在工作中更加努力，她也知道路过的橱窗什么时候布置了新的陈列，也知道街角那家特色咖啡馆什么时间打烊。

她说，以前的她也曾如小茹般拼搏到忘记世界的存在。

直到有一天，她如往常般加班到凌晨，走在深夜的街头，她打不到的士，突然就情绪崩溃，在无人的街头放声大哭。

从那一刻，她豁然醒悟：不是不要奋斗，不是不要拼搏，只是，她怕岁月沉淀之后，蓦然回首，她只能记起这些关于拼搏的崩溃瞬间，却记不起这个世界本来的面貌。

于是，从那天起，她给自己的人生增加了一些标点符号，给了自己一些细嗅蔷薇的时刻，人生就此开始多了一些浓郁的香气。

所以，人生在世，心中应有猛虎，但是不能仅容得下一头猛虎。那些细嗅蔷薇的瞬间，是人生稍作停留的瞬间，也是人生节奏感的体现，是人生不可或缺的组成部分。无论何时，在拼搏路上的稍作休息，懂得欣赏身边的风景，都会反哺我们的拼搏之路，给予我们思考、灵感、启发，还有人生的趣味和美感。

街边老树发嫩芽，路边小花现清丽，世间万物兀自绚烂，从不在意是否多了一双欣赏美的眼睛。但是，于不懂稍作停留的人而言，生活就错失了应有的美丽和绚烂。

那些自己承诺自己，未来会补偿给自己的清风明月如若在今天的生活里缺了位，未来就再也补不回来。年少时光，我们眼中的花花草草，莺莺燕燕，和日后所看所赏，亦是大有不同。一切走过路过，却没看过，终将变成难以补回的错过。

拼搏的路上，用一盏茶的时间，停下来看天边的云卷云舒，看时间在空间里的变幻莫测，这并不会赶走你心中的那头猛虎，也更不会影响你拼搏到感天动地。心中一定要有一头猛虎，但不能只容得下一头猛虎，你才能真正地活在天地间，不曾枉来一趟。